世界陆龟图鉴

TORTOISES OF THE WORLD

周 婷 周峰婷 编著

中国农业出版社

北 京

图书在版编目（CIP）数据

世界陆龟图鉴/周婷，周峰婷编著.—北京：中国农业出版社，2020.9
ISBN 978-7-109-26634-6

Ⅰ.①世… Ⅱ.①周…②周… Ⅲ.①龟鳖目—世界—图集 Ⅳ.①Q959.6-64

中国版本图书馆CIP数据核字（2020）第035513号

世界陆龟图鉴
SHIJIE LUGUI TUJIAN

中国农业出版社出版
地址：北京市朝阳区麦子店街18号楼
邮编：100125
责任编辑：林珠英　黄向阳
版式设计：刘亚宁　胡至幸　责任校对：吴丽婷
印刷：北京中科印刷有限公司
版次：2020年9月第1版
印次：2020年9月北京第1次印刷
发行：新华书店北京发行所
开本：787mm×1092mm　1/12
印张：22
字数：400千字
定价：198.00元

内容简介

《世界陆龟图鉴》共分七章，收录世界上18属65种陆龟，并配以1 000多幅彩色照片。本书第一至第四章分别介绍了陆龟起源与演化、陆龟概述、龟文化、陆龟外部形态结构专用术语；第五章为重点，介绍了陆龟种类，并运用简练文字描述每一种陆龟的主要特征、生活习性、雌雄识别等内容，并对不同年龄段的背甲、腹甲及头部以照片展示；第六至第七章分别介绍了陆龟养殖、陆龟繁育和经营利用备忘录。附录中包含学名索引、中文名索引、国内外陆龟保护和研究机构等内容。

本书文字叙述简洁凝练，图片翔实丰富，集知识性、科普性、实用性、收藏性于一体，是一本全面、系统地了解世界陆龟分类的工具书；本书适用于所有陆龟爱好者，也适用于大专院校师生、保护工作者、相关执法机构、海关等部门辨认和了解陆龟。

扉页照片摄影者：Victor Loehr
封面照片摄影者：周　婷

2016年周婷在捷克动物园与加拉帕戈斯陆龟

作者简介 ————————

周婷 江苏南京人。1966年生，高级工程师。2015年3月以前，工作于南京乌龙潭公园管理处南京龟鳖自然博物馆，2015年4月起任职于海南省林业科学研究院。自1989年以来，长期从事龟鳖的物种鉴定、保护、养殖等工作。中国科普作家协会会员、中国农业出版社资深作者。2004年出版的《龟鳖分类图鉴》，至今仍畅销国内外；2009年出版的《中国龟鳖养殖原色图谱》，首次系统全面地向世界介绍了我国龟鳖的养殖状况，推动了龟鳖养殖产业的发展，并荣获中国农业出版社2009年度优秀图书一等奖；2011年出版的《李艺金钱龟养殖技术图谱》，已9次印刷；2014年出版的《中国龟鳖分类原色图鉴》，是我国首次图文并茂、全面系统地介绍中国龟鳖分类等方面的著作，深受广大读者的喜爱。

《世界陆龟图鉴》审校委员会

主任

李承森　研究员	中国科学院植物研究所
William P. McCord　博士	美国纽约东菲斯科尔动物医院
John Iverson　教授	美国厄勒姆学院

副主任

Bernard Devaux　董事长	法国岗法洪龟鳖村
Torsten Blanck　专家	闭壳龟保护中心（奥地利）
黄　成　教授	南京大学
佟海燕　研究员	泰国马哈沙拉堪大学古生物研究与教育中心
温战强　高级工程师	国家林业和草原局
莫燕妮　高级工程师	海南省野生动植物保护管理局
古河祥　高级工程师	广东省野生动物救护中心
Ron de Bruin　教授	鹿特丹伊拉斯谟斯大学（荷兰）
Peter Praschag　教授	龟鳖保护研究中心（奥地利）
Victor Loehr　教授	小型陆龟保护基金会（荷兰）
Holger Vetter　专家	《世界龟鳖》第 1 ~ 5 卷的作者（德国）
侯　勉　专家	四川师范大学
张　亮　专家	广东省生物资源应用研究所

我自童年就喜爱小动物。惊蛰一过就开始寻找最先出现的小蚂蚁，看它们觅食，看它们打架，看它们搬家。我也喜爱种植花草，清明过后栽瓜点豆，种下扁豆和茉莉花籽，浇上水。每天放学回家第一件事就是蹲在地上看看土壤有无变化？大约一周过后，板结的土块被微微顶起，底下露出小苗的白色细茎和绿色小叶片。我喜欢生物，热爱大自然，探究大自然，一生的工作也就融入了大自然。

说到陆龟，我在北京大学地质地理系读书期间，到南方做野外工作，在云南的高山上见过野生陆龟。在亚美尼亚访问，开展野外工作时，也见过山上的陆龟。但是，我的主业是研究陆地植物起源和演化及其与环境之间的关系，而对陆龟了解甚少。在中国科学院植物研究所读了研究生以后，科研工作聚焦在生命演化的主题上，涉及达尔文的进化论，我才详细了解到陆龟之重要在于它为先哲的理论提供了灵感。隶属于厄瓜多尔的加拉帕戈斯群岛上生活着的陆龟，因为海岛之间、岛屿与大陆之间长期地理隔离，产生了变异，并得以遗传，从而造就了群岛上陆龟的特殊性，为达尔文的生物进化论提供了强有力的物竞天择的证据，推动了达尔文《物种起源》一书的诞生。2019年，据新加坡《联合早报》网站报道，一只年过百岁的雌性巨龟在加拉帕戈斯群岛上被发现，这是一只费尔南迪纳加拉帕戈斯陆龟（*Chelonoidis phantasticus*）。上一次发现费尔南迪纳加拉帕戈斯陆龟是在1906年，这可真是百年一遇，可见这种陆龟已经进入极度濒危的状态。除了科学上的意义，陆龟以其姿态憨厚，行动缓慢，与世无争，延年益寿，深得世人喜爱，已经成为宠物进入百姓之家。

周久发先生创建南京龟鳖博物馆，将其对龟鳖事业的热爱归于一馆，收藏和展示龟鳖的科学知识和文化。其女儿周婷女士更是继承和发扬父辈的治学精神，孜孜不倦地学习和兢兢业业地研究龟鳖种类与养殖技术，其成就得到赵尔宓院士的首肯和赞赏，鼓励她不断进取，更造辉煌。我和周婷女士相识在2000年的海南岛，那时我任职北京自然博

2015年李承森研究员在南极的智利南极空军基地

2015年李承森研究员在南极的长城站

物馆的馆长，到海南来为博物馆征集海龟。20多年过去了，我们成了好朋友，虽然兴趣爱好有所不同，但是，对大自然的热爱却没有差异。我认识周久发先生略晚些，他年长我10岁。虽然周先生已过了八十大寿，依旧身体健康，声如洪钟，思路敏捷，我们很是谈得来。周先生对龟的挚爱已经代代相传。与周家父女的交往，丰富了我的龟鳖知识，扩大了眼界，提升了我对龟鳖的兴趣，结交了很多龟友，为我打开一个全新的领域。

近年来，大众对陆龟的兴趣和爱好与日俱增，迫切需要相关的科学著作以解饥渴。周婷女士已经出版了一系列介绍龟鳖形态、分类、养殖和文化的书籍，但是尚缺少一本专门展示陆龟的图书。为此，周女士历经数年，克服重重困难，几经周折，竭尽全力，终于完成了《世界陆龟图鉴》的编撰工作。以精准描述和精美图片，将世界上的陆龟展示给龟鳖研究者、爱好者，以及广大民众，以期陆龟知识得以传播，陆龟保护得以加强，陆龟文化得以传承。此乃有益于保护大自然的一件善事，值得庆贺！

李承森

中国科学院植物研究所　研究员

北京自然博物馆　原馆长

英国林奈学会　会员

美国植物学会　会员

2020年6月6日

序 二

世界上有65种形态各异的陆龟。我曾考察过非洲、欧洲、亚洲等地的陆龟，由于它们的栖息地遭到破坏，以及人类对它们的捕获，数量越来越少。目前，所有的陆龟都处于濒危或极濒危的状态，为保护和拯救它们的命运，我们应该为陆龟做些事情。

我和周婷女士及其父亲周久发先生是20多年的龟友。1998年，我们在法国龟鳖村相识。2001年，我拜访了周久发先生创建的举世瞩目的南京龟鳖博物馆。我非常欣赏中国的这两位学者的成就，欣赏他们挚爱龟事业的热情。当然，我更钦佩周久发先生，中国的3种极为稀有的闭壳龟中，周氏闭壳龟（*Cuora zhoui*）是以其姓氏命名的。她的女儿周婷女士长期研究和保护龟，出版了很多关于龟的书籍。并且，她的宣传推广教育工作是极富有成效和非常重要的。

中国有3种陆龟——缅甸陆龟、凹甲陆龟和四爪陆龟，这3种陆龟的保护是不容乐观的。为了改变人们对龟的态度和思想，让这个伟大国家的民众知道，在中国有很多稀有的龟类动物；并且有必要建立保护区和公园来保护它们，我们还有很多工作要做。我认为，最重要的是让年轻一代热爱这一独特的动物类群，让他们学习保护和保存这些物种的知识。

认识陆龟是首要的任务。周婷女士与其合作者出版的这本书是非常及时的。我相信，这本书的出版对中国及世界陆龟研究者、保护工作者、饲养者等读者都具有非常重要的作用。我祝愿周婷女士在这项艰巨的工作中取得成功。

$\mathcal{B} \cdot DEVAUX$

Bernard Devaux
法国岗法洪龟鳖村的创建人
百科全书《世界龟鳖》的作者
多种龟鳖书籍的作者
2020年6月6日

Bernard Devaux 董事长

PREFACE 2

There are 65 different species of tortoises in the world. I have visited tortoises in Africa, Europe, Asia, and other places. Because of the destruction of their habitat, and capturing by humanss, numbers are getting smaller and smaller, At present, all tortoises are endangered or extremely endangered. To protect and save their destiny, we should do something for the tortoises.

I have been turtle-friends with Ting Zhou and her father Jiu-fa Zhou for more than 20 years. In 1998, I met them at the Turtle Village in France. In 2001, I visited the Turtle Museum in Nanking, a remarkable institution created by Jiu-Fa Zhou. I greatly appreciate the work of these two Chinese naturalists, who are genuine turtles passionates, and of course I admire the research of Jiu-fa Zhou, who discovered three very rare turtles from China, and who gave his name to a species of *Cuora, Cuora zhoui*. His daughter Ting Zhou has always studied and protected turtles, she has published many books about turtles, and her outreach and education work is of great quality and importance.

There are three species of tortoises in China. *Indotestudo elongate*、 *Manouria impressa* and *Testudo horsfieldii*. The protection of these three tortoises is not optimistic. There is much work to be done to change attitudes and mentalities, and to make this great country understand that there are very rare species of turtles in China, and that it is necessary to create Reserves and Parks to protect them. The most important, I think, is to have the young generations admire this exceptional fauna, so that they learn the principles of the conservation and the preservation of these species.

Understanding tortoises is the primary task, the book published by Ting Zhou and her collaborator is timely. I believe the publication of this book is of great importance to tortoise researchers, conservationists, breeders and other readers in China and around the world. I wish Ting Zhou much success in this difficult work.

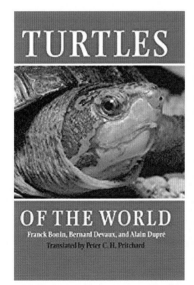 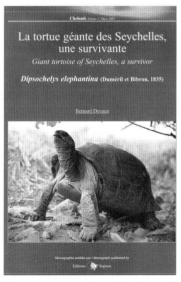 

Bernard Devaux出版的书籍

Bernard Devaux

Creator of Villages des Tortues

« All Turtles of the World »

前 言

陆龟是指生活于陆地的一个龟类家族，因其后肢粗大，呈圆柱形，似大象的腿，故陆龟又名"象龟"。

陆龟地理分布广泛，亚洲、非洲、美洲与欧洲大陆都可见到它们的踪影。陆龟的生活区域广泛，覆盖温带至热带潮湿温暖的灌木林、热带雨林、干草原、高地，甚至在高温的莽原与沙漠的环境中都有陆龟踪迹。

自然界充满了许多神奇的物种，陆龟家族当然也不例外。史前时期，陆龟分布广泛，种类繁多，数量旺盛。随着人类的出现，陆龟成为人类的重要食物来源之一。陆龟耐饥渴、易存储的特性受到航海船员的喜爱，每次出海远行，船员们都将陆龟作为食物储备于船上，因此，灭绝了许许多多至今我们未能谋面的陆龟。随着社会的发展和进步，人类活动直接和间接地影响了陆龟的生存，致使其栖息地不断缩小，物种和种群数量不断减少，导致有些陆龟正离我们远去。目前，世界陆龟种类并不多，有65种，其中，中国现存3种。所有陆龟均被列入《濒危野生动植物种国际贸易公约》（简称《CITES公约》），其物种受到保护，其贸易受到限制。在《世界濒危动物红皮书》中，所有陆龟均被列为濒危、极危或灭绝状态。

陆龟的甲壳结构复杂，多数种类甲壳体色以单一黄色或黄色镶嵌黑斑为主。部分陆龟种类甲壳具放射状斑纹，且放射状斑纹的纹路和颜色复杂多样，不同年龄段的甲壳斑纹有差异。认识和识别陆龟种类，确实需要动一番脑力。所谓"工欲善其事，必先利其器"，如有一本让读者依据彩图和文字说明，即可准确识别和辨认陆龟物种的书，就显得十分必要。

在过去的20多年里，我编写和出版的《龟鳖分类图鉴》《中国龟鳖养殖原色图谱》《中国龟鳖分类原色图鉴》等书籍中介绍过部分陆龟种类，但种类有限，且每种陆龟的照片较少，远不能满足读者们的应用需求。自2015年开始，我着手准备资料和图片，意在编撰一本《世界陆龟图鉴》。因编写期间繁杂琐事多次停笔，U盘瞬间损坏，导致文件不翼而飞。徘徊犹豫放弃之际，幸得中国农业出版社编审林珠英女士的谆谆善诱之语、中国科学院植物研究所李承森研究员的鼓励支持，以及国内外龟友们和朋友们的热心帮助，《世界陆龟图鉴》的编写工作才得以继续，直至此书呈现于世。

《世界陆龟图鉴》由七章、参考文献和附录组成。第一章陆龟起源与演化；第二章陆龟概述，介绍了陆龟的种类、分布、生活习性等；第三章龟文化，简述了中国龟文化和国外龟文化；第四章陆龟外部形态结构专用术语，包括陆龟外部形态和甲壳结构等；第五章陆龟种类，介绍世界陆龟种类信息，包含中文名、学名、别名、分布、主要特征、雌雄识别、性成熟期、生活习性、CITES公约级别和中国保护级别等，并对种名词源含义做了注释，使读者知其然也知其所以然；第六章陆龟养殖，介绍了陆龟养殖状况和养殖技术等内容；第七章，陆龟繁育和经营利用备忘录，是本书的一个亮点。介绍了人工驯养繁育许可证的办理、陆龟的出售、购买和利用等实用性资讯，旨在提醒人们合法化开展陆龟驯养繁育和贸易。附录列入了2019年11月26日起生效的《濒危野生动植物种国际贸易公约》附录中的陆龟种类名录、学名索引、中文名索引等内容。

本书以1 000多幅彩色照片，展示了不同年龄段的陆龟。从不同角度展现头部、背甲和腹甲等特征，以及雌雄个体之间的差异，对部分种类的特有外部形态特征均配有照片。大多数种类均配6幅以上彩色照片展示，使本书更具直观性、实用性和艺术性。

本书第一章和附录3由佟海燕研究员执笔；第二章、第三章由李莹博士生执笔；第七章由黄松林高级工程师执笔；其余部分均由周婷和周峰婷执笔完成。照片除署名外，其他均由周婷拍摄或提供。

本书的陆龟分类系统和分布，以世界自然保护联盟物种生存委员会龟鳖专家组（IUCN/SSC/TFTSG）专门成立的龟鳖分类工作组（Turtle Taxonomy Working Group）2017年8月发布的"世界龟鳖，分类、同物异名、分布、保护状况的注释目录（第八版）"为依据。因分类系统差异、分类命名变动、地区差异及专业和行业习惯，中文名时有不同或变化，使用本书时应以物种学名为准。

五年时光，一晃而过。我始终抱着为读者提供一本学术性、科普性和艺术性兼顾的《世界陆龟图鉴》之目的而努力工作着。希望本书的科学价值与艺术价值的融合，科学与科普的结合，能有助于读者辨识陆龟种类，丰富陆龟知识，从而吸引更多的读者参与到保护、研究、欣赏陆龟的行列。同时也希望以书会友，通过本书的图文数据资料，实现陆龟数据互联互通和信息资源共享。

《世界陆龟图鉴》出版了，意味着我与陆龟将暂时疏远，也预示着我新的龟缘即将到来。

《世界陆龟图鉴》在国内外龟友们的支持帮助下顺利付梓，限于作者水平，书中疏漏难免，祈请读者不吝赐教。

2020年8月

安哥洛卡陆龟　　周峰婷

致　谢

当散发着油墨清香的《世界陆龟图鉴》初样放在案头，编写期间酸甜苦辣历历在目。在此期间，有幸得到国家林业和草原局、海南省林业局等单位的大力支持；特此致谢！

与此同时，也得到国内良师益友和龟友们的支持和帮助，使本书顺利出版，在此铭记致谢！

首先，感谢中国科学院植物研究所李承森研究员的鼓励和帮助，百忙中提供诸多学术支持和审阅样稿，并应邀拨冗作序，令本书徒然增色。

感谢法国岗法洪龟鳖村 Bernard Devaux 董事长提供数幅照片并作序，令本书锦上添花。

感谢审校委员会所有成员百忙中审阅样稿，并提出意见和建议。

感谢中国科学院成都生物研究所赵蕙研究员、广东省野生动物救护中心古河祥高级工程师、南京大学黄成教授、泰国马哈沙拉堪大学佟海燕研究员、江苏省淡水水产研究所唐建清研究员、韩飞研究员、中国林业科学研究院黄松林高级工程师、德国海德堡大学李莹博士研究生、顽主驿文化传播有限公司朱彤董事长、《中国国家地理》插画师葛若雯、命脉龟粮创始人应峻、PapaJ 画师等良师益友和龟友们，有的撰文，有的提供文献或照片，有的帮助联系相关事宜，有的献计献策，给予多方面诸多帮助。

中国仅存 3 种陆龟，其他种类均分布于国外。因此，收集照片过程中得到 15 个国家的龟鳖学者和龟友们热情支持和帮助，在此一并铭记致谢。

巴黎国家历史自然博物馆 Roger Bour 教授、美国厄勒姆学院 John Iverson 教授、美国 William P. McCord 博士、鹿特丹伊拉斯谟斯大学 Ron de Bruin 教授、闭壳龟保护中心的 Torsten Blanck、龟鳖保护协会 (TC)James Liu 医学博士、捷克龟类研究保护中心 Petr Petras 博士、奥地利格拉茨龟鳖保护中心 Peter Praschag 博士、龟鳖生存联盟（TSA）董事会 Rick Hudson 董事长和动物部 Cris Hagen、德国波恩亚历山大柯希尼动物博物馆（ZFMK）Flora Ihlow 博士、德累斯顿森肯堡自然藏品博物馆 Markus Auer、印度野生动物研究所 V. Deepak 博士、印度的马德拉斯鳄鱼银行信托基金 Nikhil Whitaker 负责人、乌拉圭爬虫繁育专家 David Fabius，他们不仅提供照片，而且还热心帮助联系其他人提供照片、相关资讯。

小型陆龟保护基金会 Victor Loehr 教授对样稿中的非洲陆龟类进行审校，并提供 40 多张精美照片。南非西开普大学 Margaretha D. Hofmeyr 教授（已于 2020 年 2 月 7 日因病去世）提供珍稀的南非陆龟类照片。德国 Holger Vetter 赠送《世界龟鳖》第 5 卷，并提供相关帮助。塞内加尔的非洲龟类研究所 Tomas Diagne 教授和纳米比亚 Alfred schleicher 提供照片和资料。

以下国内外同行、龟友和朋友提供帮助和照片，一并致谢：

中国　王世力　齐旭明　应国良　王　生　麦耀生　吴哲峰　周昊明　陈伟岗　董　以　俞　强　林　颖　付石鹏
　　　元喆禄　于金申　闻　健　魏鸿仁（台湾）

日本　胡子威

荷兰　孙　婷　Aad de Waard　Job Stumpel　Kees Verkade　Mary Vriens

美国　Taylor Edwards　Gerry Salmon　William Ho　Ralph Hoekstra

捷克　Hynek Prokop　Olda Mudra

德国　Christoph Fritz　Tizian Kram

法国　Franck Bonin　Nicolas Pellegrin

加拿大　Robert W. Murphy

匈牙利　Norbert Halasz

墨西哥　Heriberto Ávila González

委内瑞拉　Matias Yang

其他　Mark Romanov　John Harrington　Adalgisa Caccone

感谢原国家林业局野生动植物保护与自然保护区管理司王伟副司长对陆龟产业发展的重视和大力支持，以及为推动龟类标识所做出的努力和贡献。

感谢海口泓旺农业养殖有限公司陈如江董事长、海口泓盛达农业养殖有限公司韩克勤总经理等企业给予的支持和帮助。

2020 年 8 月 22 日

目　录

TORTOISES
OF THE WORLD

第一章
陆龟起源与演化

加拉帕戈斯陆龟　图虫创意

在生态上，陆龟是完全陆栖的龟类。在分类学上，陆龟隶属龟鳖目（Testudinata）、龟超科 (Testudinoidea)、陆龟科 (Testudinidae)。龟超科还包括已绝灭的林氏龟科（Lindholmemydidae）和现生的地龟科（Geoemydidae）、龟科（Emydidae）和平胸龟科（Platysternidae）。陆龟科包括18属65种，其中，17个现生属40多个现生种。分布于亚洲、欧洲、非洲、北美洲、南美洲，生活于热带雨林、温带丘陵到干旱的沙漠等不同的陆栖生态环境中，从新生代早期到现在，经过了6 000多万年的漫长进化历程。

一、陆龟起源

陆龟科、地龟科和龟科都起源于林氏龟科类群。林氏龟科以苏联动物学家林霍尔姆的名字（W. A. Lindholm）命名，是生活在白垩纪和古近纪（距今5 000万～11 500万年）的亚洲土著龟类，主要分布于中亚、蒙古和中国。林氏龟类是小中型的淡水龟，甲壳低矮，发育的背腹甲相互紧密缝合在一起。与其他龟超科成员一样，它们的腋柱和胯柱十分发达，向内侧延伸到背甲的肋板处，并与肋板愈合。林氏龟科与较之进步龟超科的冠群（陆龟科、龟科和地龟科）主要区别特征是，它们的腹甲甲桥部位有1列下缘盾，将背甲的缘盾和腹甲的盾片分隔开。林氏龟类在早白垩世晚期出现，在蒙古上古新统地层中很丰富，在白垩纪末期达到鼎盛。在蒙古南部沙漠的白垩纪末期Nemegt组（距今7 000万年）地层中有大量的蒙古龟（*Mongolemys*）个体骨骼堆积。在生态上，林氏龟科占据了现生地龟科的生态环境，生活在河流和湖泊之中，也是没有受到白垩纪末大绝灭事件影响的类群。在中国，北方的内蒙古、甘肃、山东和南方的广东等地，上白垩统和古近纪地层中都有林氏龟类发现。大多数林氏龟类在古新世末灭绝，该类最晚的化石记录是山东五图煤矿下始新统地层里产出的始新五图龟（*Wutuchelys eocenica*），这也是林氏龟科迄今已知在

哈氏重龟（*Gravemys hutchisoni*）的腹甲
佟海燕

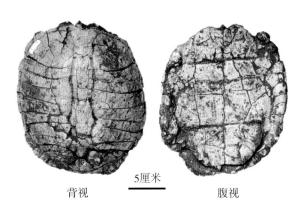

安徽潜山盆地早古新世的小市安徽龟　　佟海燕

埃及晚始新世的阿蒙巨角陆龟是非洲
最古老的陆龟科化石
（引自 Andrews，1906）

始新世的唯一记录。根据Danilov等2012年的研究表明，在林氏龟科里，中国广东古新世的南方抽取龟（*Elkemys australis*）、浈水湖口龟（*Hukouchelys chenshuensis*）以及蒙古和内蒙古的重龟（*Gravemys*）亲缘关系相近，它们属于一个自然类群。该类群的某些特征与地龟科和陆龟科相似，很可能是后者的祖先。

二、早期陆龟

产自中国安徽潜山盆地古新统地层中的安徽龟属（*Anhuichelys*），被认为是已知最早的陆龟科化石。目前，尽管安徽龟是否真正属于陆龟科尚存争议，但佟海燕等2016年研究了大量的安徽龟新标本后，对安徽龟的甲壳形态特征有了更全面地认识，认为安徽龟是陆龟科的基干类型；安徽龟已经失去下缘盾这一原始特征以及一系列的甲壳近裔特征都表明，安徽龟比林氏龟进步。因此，从安徽龟形态特征和共生的动物群推断，安徽龟和其他陆龟科成员一样，是陆栖的龟类。

安徽龟生活在古新世早－中期（距今约6 000多万年）的潜山盆地和湖北的新洲盆地，包括潜山安徽龟（*Anhuichely tsienshanensis*）、小市安徽龟（*Anhuichely siaoshihensis*）和痘姆安徽龟（*Anhuichely doumuensis*）3个种。其中，小市安徽龟和痘姆安徽龟在腹甲前叶的基部发育了铰链，有些标本在腹甲后叶基部也发育了铰链，这是龟超科中最早发育的铰链结构。活动的腹甲前叶起到保护前肢和头部的作用，当遇到敌害时，它可以将头和前肢缩入甲壳内，并将甲壳前部完全或部分关闭以保护自己；而活动的腹甲后叶不但可以保护后肢和尾，而且有助于雌龟产卵。

在始新世（距今约5000多万年），陆龟类相继出现在其他大陆。在欧洲，法国南方早始新世的卡酥来芳丹龟（*Fontainechelon cassouleti*），被公认为陆龟科最原始的成员。产自北美的厚龟（*Hadrianus*）的早期代表是新墨西哥州圣胡安盆地（San Juan Basin）

早始新世的大厚龟（*Hadrianus majusculus*）。在非洲，早期陆龟类有埃及晚始新世的阿蒙巨角陆龟（*Gigantochersina ammon*）。在亚洲，陆龟化石发现在哈萨克斯坦和缅甸中始新统地层中；在中国始新世也有不少记录。

三、陆龟科系统发育、分布、迁移和演化

分子生物学研究建立的陆龟科系统发育树，将现生陆龟类分成3个单系类群，清楚地展现了各属种之间的亲缘关系，也解释了它们的地理分布。

1.凹甲陆龟属（*Manouria*）和穴陆龟属（*Gopherus*）　在现生陆龟类中，无论形态学还是分子生物学研究都将凹甲陆龟属成员视为最原始的类群。分子生物学研究显示，亚洲的凹甲陆龟属成员和北美的穴陆龟属成员亲缘关系相近，两者组成一个单系类群，位于陆龟科冠群最基部的位置。现生凹甲陆龟类生活于亚洲南部热带湿热的环境中，包括凹甲陆龟和黑凹甲陆龟2个种，分布于我国云南、柬埔寨、老挝、马来西亚、缅甸、泰国和越南等地。凹甲陆龟属的化石十分稀少，2003年，Takahashi 等在日本琉球群岛上更新统地层中发现的龟，被命名为欧氏凹甲陆龟（*Manouria oyamai*）。2017年，佟海燕将我国浙江晚更新世的常山陆龟和新石器时代的河姆陆龟归入凹甲陆龟属，分别为常山凹甲陆龟（*Manouria changshanensis*）和河姆凹甲陆龟（*Manouria hemuensis*）。中国始新世的甘肃龟（*Kansuchelys*），可能是凹甲陆龟类群的祖先。

在古新世末（距今约5 600万年）的气候温暖时期，早期的陆龟类通过白令海峡从亚洲迁徙到北美洲，其中的一支进化成穴陆龟。最早的穴陆龟化石发现于美国下中新统地层中（距今约2 000万年）。有研究认为，繁盛于中新世到更新世的西方陆龟（*Hesperotestudo*），是穴陆龟的近亲。西方陆龟是北美的土著，在腿部和尾部发育了由真皮小骨粒构成突起尖硬的结节。北美中新世的欧氏西方陆龟（*Hesperotestudo osborniana*）等种类体型巨大，甲壳长超过1米。更新世末西方陆龟的绝灭，大大减少了北美陆龟的种类，现存的穴陆属是陆龟科在北美唯一的现生属，现存6种，分布于美国南部和墨西哥北部的沙漠里。穴陆龟之名来源于地鼠的英文"gopher"，因为它们和地鼠一样掘地挖洞生活。穴陆龟挖掘的洞长达几米，它们躲在洞里以逃避沙漠的炎热和干旱，这些洞常被哺乳类、其他爬行类、两栖类和鸟类共享。

2.陆龟属（*Testudo*）、印支陆龟属（*Indotestudo*）和扁陆龟属（*Malacochersus*）　陆龟科的另一类群由陆龟属、印支陆

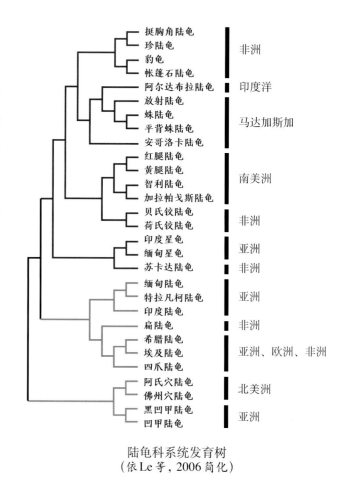

陆龟科系统发育树
（依Le 等，2006简化）

龟属和扁陆龟属组成。印支陆龟留在了亚洲，有3个现生种，分布于从印度到印度尼西亚的亚洲南部。蒙古晚始新世的凯森陆龟（*Testudo kaiseni*），被Auffenberg于1974年归入印支陆龟属。陆龟属在中-上新世的古北界兴盛，在亚洲、欧洲和非洲撒哈拉以北的地区都留下了大量化石。更新世冰期气候变冷加上近代人类的捕捉和对其生态环境的破坏，使陆龟属的种类和分布缩减到目前濒危的状况。陆龟属在腹甲后叶中部发育不发达的铰链，使腹甲后叶略可活动，这种起保护作用的结构在雌雄个体上都有存在。现生活于非洲西部的扁陆龟是陆龟属和印支陆龟的近亲，现生种仅1种，即扁陆龟。扁陆龟适应干旱的环境，甲壳因骨板的退化在骨板之间留有

欧氏西方陆龟
A.头骨和甲壳背视　B.甲壳腹视　C.背甲和肩带、腰带及四肢腹视
（引自 Hay, 1908）

空隙，使扁陆龟的甲壳具柔韧性，故扁陆龟甲壳不像其他龟类的甲壳那样坚硬厚实。当扁陆龟遇到危险时，这种"软的"甲壳使扁陆龟能够将身体缩小，钻入岩石的缝隙以躲避敌害。尽管扁陆龟比非洲其他陆龟类都原始，但至今没有化石发现。

　　3.**非洲和南美洲陆龟**　虽然陆龟类在晚始新世就出现于非洲，但其后很长一段时间（包括整个渐新世），陆龟化石在非洲的记录都是空白。可能是早中新世（距今约2 000多万年）的另一轮迁徙潮再次把陆龟类送到非洲，它们在非洲大陆繁荣兴盛，演化到现在的10多个属种，使得非洲成为全球现生陆龟种类最集中的地区。陆龟科在非洲的现生种类里，大多是土著属种，它们大多数分布于撒哈拉沙漠以南的地区，如萨赫勒（Sahel）地区大型掘洞生活的中非陆龟（*Centrochelys*）、背甲后部发育了铰链的铰陆龟（*Kinixys*）、豹龟、角陆龟（*Chersina*）以及南非小型的石陆龟（*Psammobates*）和珍陆龟（*Homopus*）等。这些土著陆龟类有些从早中新世开始就有化石记录了，如在肯尼亚西部下中新统地层中发现的锯齿铰陆龟化石。最早的角陆龟化石发现于南非下中新统地层中，在上新统地层中已很普遍。大型的中非陆龟属及相近的类型从早中新世到史前时期，在非洲很多地方（埃及、苏丹、利比亚、阿尔及利亚、尼日尔、乍得、埃塞俄比亚）以及中东半岛的阿曼、阿布扎比等地都有化石被发现。马达加斯加岛上的陆龟类来自非洲大陆，但是化石记录很不完整。现在马达加斯加岛上仅存濒危灭绝的蛛陆龟（Pyxis）的2个种和马岛陆龟（*Astrochelys*）的2个种，它们和主要分布于非洲南部的一个陆龟类群（包括珍陆龟属、石陆龟属、角陆龟属和豹龟属的成员）都有共同的祖先。

　　非洲陆龟类中的一支类群漂洋过海到了大西洋彼岸的南美洲。目前，陆龟科中仅南美陆龟的3个种1个种群生活于南美洲大陆，而南美洲所有的陆龟科化石也都被归入南美陆龟属，最早确切的化石记录出现在距今约2 000多万年的早中新世。南美陆龟类群是从哪里来的有两个假说：一个是来自北美洲，但是南美洲长期孤立的地理环境使得这一假说难以成立；另一个是来自非洲，南美陆龟类群源自非洲的假说，近年来得到了分子生物学强有力的支持。在分子生物学建立的系统发育树上，南美陆龟与

非洲陆龟位于同一分支，有着最近的亲缘关系。有研究显示，南美陆龟类群是非洲的铰陆龟属的近亲。古生物研究则表明，南美陆龟类群是从非洲一次迁徙来的，因为南美洲所有陆龟都属于同一类群。自从冈瓦纳古陆解体，大西洋生成，从东向西流动的赤道洋流将一些陆生动物从非洲西岸送到远隔几千千米以外的南美洲东岸。陆龟借助海水对龟壳的浮力或借助其他物体漂浮于海面上，它们可以几个月不吃不喝，只需将头露出海面，就能借助赤道洋流漂洋过海。

四、体型巨大的陆龟

陆龟科不乏体型巨大的成员。在史前时代，全球很多岛屿上都曾有巨型陆龟生活，如北大西洋的加纳利群岛、印度洋上的塞舌尔群岛、马达加斯加岛、马斯克林群岛（Mascarene）、太平洋上的加拉帕戈斯群岛以及地中海的一些岛屿等。

阿尔达布拉陆龟在用鼻孔吸水　　Bernard Devaux

曾经生活于马斯克林群岛上的圆筒陆龟属（*Cylindraspis*）成员，甲壳长达1.2米。体型巨大、体重可达300多千克的阿尔达布拉陆龟属（*Aldabrachelys*）成员，过去在印度洋的很多岛屿上（马达加斯加岛、阿尔达布拉群岛、塞舌尔群岛以及邻近岛屿上）都有它的踪迹，但现在仅阿尔达布拉群岛上还有野生种群。体型巨大的陆龟由于适应不同生态环境，甲壳形态变异很大，有圆顶形，也有马鞍形。阿尔达布拉陆龟曾称渴龟（*Dipsochelys*），其成员都有一个用鼻孔喝水的独特习性。阿尔达布拉群岛是珊瑚环礁，淡水水源稀少，仅有的淡水是雨后积留在浅水坑里的雨水。渴龟为了能喝到这些浅水坑里的积水，在鼻腔里发育了软骨质的阀门，当它将头垂直插进水坑里，用鼻孔吸水的时候，阀门关闭避免水进入鼻腔。阿尔达布拉群岛上的渴龟来自马达加斯加岛，在1 000多年前，渴龟类在马达加斯加岛上还有2个种，冈氏渴龟（*Dipsochelys grandidieri*）和突兀渴龟（*Dipsochelys abrupta*），很可能由于人类的捕捉等因素，这种巨大的陆龟在马达加斯加岛已经绝灭。

生活于加拉帕戈斯群岛上的加拉帕戈斯陆龟复合种甲壳长可超过1米，重400千克左右。它们和现在生活于玻利维亚西南部、巴拉圭西部和阿根廷西北部的智利陆龟是近亲，两者分化年代估计在6 000～12 000年。智利陆龟体型较小，甲壳长约40多厘米，生活在相对干旱的低地，如稀树草原、灌木丛和沙漠地带；食草、多肉植物和仙人掌等植物，这和加拉帕戈斯陆龟复合种的生境十分相似。尽管智利陆龟是现生陆龟种类中和加拉帕戈斯陆龟复合种最接近的种，但是后者的直接祖先不太可能是小型的龟类，而可能是南美洲已绝灭的一种大型陆龟。

岛屿环境缺少大型猎食动物和植食性动物之间的竞争，进化的趋势是小型动物体型增大，而大型动物体型变小，这种进化过程称为"岛屿进化"。传统上都认为，陆龟类的"巨型化"（gigantism）是在岛屿上隔离环境里发育的，因为现生的大型陆龟都生活在岛屿上。但在地史上，巨大的陆龟种类分布并不仅限于岛屿，巨大的陆龟化石被发现于全球很多地方。其中，最著名是19世纪在印度北部西瓦利克（Siwaliks）上新统–更新统地层中发现的阿特兰斯巨龟（*Megalochelys atlas*），背甲长可达2米，体重约1吨。除了印度，阿特兰斯巨龟化石在东南亚的缅甸、泰国、印度尼西亚的爪哇和苏拉威西岛、帝汶岛和菲律宾的吕宋岛等很多地方的上新统–更新统地层中都有发现。背甲长可达1.5米的泰坦巨龟属（*Titanochelon*）在中新世–上新世时（距今300万～1 500万年）广泛分布于欧洲，化石发现于德国、瑞士、法国南部、西班牙以及希腊等地。大型陆龟也出现于非洲和美洲。北美洲的西方陆龟属的更新世–全新世的厚板西方陆龟（*Hesperotestudo crassiscutata*），背甲长达1.2米。陆龟类的"巨型化"在陆龟演化的早期已出现，非洲埃及晚始新世的阿蒙巨角陆龟背甲长达90厘米。研究表明，陆龟类的巨型化并不都与岛屿进化关联；在陆龟进化历史上，体型巨大的种类在全球不同地区多次出现并独立发育。

由于人类的捕杀和引进的外来物种对龟卵和幼龟的破坏，大多数近代生活于岛屿上的巨型陆龟都灭绝了。目前，仅印度洋上的阿尔达布拉群岛和太平洋上的加拉帕戈斯群岛还有巨型陆龟生存。

印度上新世–更新世的阿特兰斯巨龟
（引自 Brown, 1931）

巴黎自然历史博物馆展出的佩皮尼昂泰坦巨龟（*Tianochelon perpiniana*）　　佟海燕

五、中国的陆龟科化石

中国有丰富的陆龟科化石记录，包括5属25种（附录3）。中国的陆龟类在地史上经过了始新世和中新世两个繁盛时期。除了上面提到的安徽龟，中国的陆龟科早期代表还有中国厚龟（*Sinohadrianus*）和甘肃龟。1929年，秉志记述了产自河南淅川范庄始新世的一件龟甲，命名为淅川中国厚龟（*Sinohadrianus sichuanensis*），这是中国第一篇关于龟鳖类化石的科学研究文章。淅川中国厚龟的甲壳形态非常原始，其分类位置是有争议的，但仅有的一件标本已丢失。甘肃龟属经佟海燕2017年整理之后，目前包括5个种，但进一步的系统研究有可能会改变这个分类。甘肃龟属的化石分布广泛，发现于甘肃、内蒙古、河南和云南等省（自治区）始新统–下渐新统地层中。早期的中国陆龟类有些体型已经很大，如云南早渐新世的路南陆龟（*Testudo lunanensis*），腹甲长达80厘米。在中新世–上新世，陆龟在中国北方相当繁盛，有10多个种，大量化石被发现于山西、陕西、内蒙古、甘肃、河南等省（自治区），但这些种是否都有效，有待进一步的系统研究确定。甘肃和政地区上中新统地层中产出大量陆龟化石，标本在中国很多自然历史博物馆都可见到。在中国，陆龟科化石在更新世仅有极少记录，而更新世陆龟属化石记录在我国更是空白。可见，更新世陆龟属在中国已衰退。中国的陆龟科现生种类仅限于新疆霍城地区的四爪陆龟、南方的凹甲陆龟和缅甸陆龟3属3种。

10厘米

河南上始新世的济源甘肃龟（*Kansuchelys tsiyuanensis*）
A.甲壳背视　B.腹视　C.侧视

佟海燕

在甘肃临夏盆地上中新统地层里保存了大量的陆龟甲壳

佟海燕

第二章
陆龟概述

挺胸角陆龟　　Shutterstock.com

一、陆龟物种多样性

　　爬行动物是由古老的两栖动物演化而来，已经完全离开水体，适应了陆栖生活。但是它们的体温并不恒定，而是随着环境温度的变化而变化，所以又称为变温动物（poikilothermic animal）或冷血动物。龟是爬行动物中特殊的类群，按它们生态类型分为水栖龟类、半水栖龟类、海栖龟类和陆栖龟类。陆栖龟类家族因生活于陆地而被动物学家划分为龟中一个独立分支——陆龟。英文"tortoise"和"land turtle"泛指所有的陆龟。在动物分类上，陆龟属于爬行纲（Reptilia）、龟鳖目（Testudinata）。龟鳖目又分为曲颈龟亚目（Cryptodira）和侧颈龟亚目（Pleurodira）。

　　曲颈龟亚目的拉丁名"Cryptodira"源自希腊语"cryptos"，意思是隐藏。该亚目的多数种类颈部能S形缩回甲壳中，将头部直接缩入壳内，大部分龟鳖动物均有此特征。在世界上大多数温暖地区的陆地、淡水和海洋中均有它们的踪迹，特别是在北半球

侧颈龟类的颈部　　　　　　　　　　　　　　　曲颈龟类的颈部　　　周峰婷

的热带和温带地区广泛分布。

侧颈亚目的拉丁名"Pleurodira"源自希腊语"pleuron"。英语"sideneck"，即侧颈意思。该亚目的多数种类能够将颈部水平弯向甲壳一侧，在壳体边缘沿着身体侧向折叠。该亚目的种类只生存在南半球，分布于澳大利亚、南美洲和赤道以南的非洲地区。

陆龟隶属曲颈龟亚目之下的陆龟科（Testudinidae），共有18属65种，占世界龟鳖种类的18%，在世界龟鳖物种多样性中占有重要位置。亚洲陆龟种类现存9种，占世界陆龟种数的14%；其中，中国产陆龟种类3种，即缅甸陆龟、凹甲陆龟和四爪陆龟，占世界陆龟种数不足5%。虽然中国陆龟种类在世界陆龟种类中不占优势，但这3种陆龟都是亚洲特有种，且各自分隶3个不同的属，对研究世界陆龟的发生和演化具有特殊意义。

二、陆龟生物学

陆龟的生存环境涵盖了从温带到热带的潮湿温暖、环境幽暗的地方，或者相对干燥甚至干旱的地方，包括灌木林、常绿森林、热带雨林、干草原与高地、甚至是极端干旱的沙漠环境。从低海拔的海岸到1000米的山地，都有适合陆龟生存的区域。与两栖动物相比，陆龟虽不擅长游泳，但是已经完全适应了陆地生活。陆地环境要比水体环境复杂和更加多样化，生活在陆地环境里的陆龟在一定的区域范围内，相比一般水栖龟类，展现出其特化程度很高的生理与生态行为。不同种类的陆龟长期生活在各自的特定环境之中，它们对环境的温度、湿度、光照强度、昼夜温差的要求和耐受范围，对食性（植物的种类等）的选择都存在着明显差异。陆

亚洲陆龟物种名录

序号	中文名	学　名	中国分布
1	印度星龟	*Geochelone elegans*	
2	缅甸星龟	*Geochelone platynota*	
3	缅甸陆龟	*Indotestudo elongata*	●
4	印度陆龟	*Indotestudo forstenii*	
5	特拉凡柯陆龟	*Indotestudo travancorica*	
6	黑凹甲陆龟	*Manouria emys*	
7	凹甲陆龟	*Manouria impressa*	●
8	希腊陆龟	*Testudo*（*Testudo*）*graeca*	
9	四爪陆龟	*Testudo*（*Agrionemys*）*horsfieldii*	●

马达加斯加岛的蛛陆龟栖息地　黄凯

龟以龟壳保护自己，抵御外来入侵者；所有的陆龟均可将头、四肢和尾缩入甲壳内，以保护自己不受侵害。在大自然的发展过程中，陆龟也经历了漫长的演化过程，尽管有种种不利的限制因素作用于陆龟的生存条件，但陆龟良好的环境适应能力，使其种群多样，繁衍延续至今。

陆龟生活于陆地，不可在河流、湖泊等水体里游泳（阿尔达布拉陆龟可在海洋里漂游），当然也有极个别的类群，可以在湿地或浅水区域的水中活动。四爪陆龟等一些种类习惯生活于干燥的环境里，甚至可以在沙漠中生存下来。陆龟不仅是独居型动物，而且是昼行动物，通常在清晨开始活动，中午温度升高以后将有一段时间休息。

赫尔曼陆龟的栖息地　　　Torsten Blanck

1.冬眠和夏眠　在生理上，陆龟的体温受环境温度的改变而变化。随着一天或一个季节中，甚至一年中环境温度的改变，陆龟的体温不断发生变化。当环境温度低于10～15℃，陆龟进入冬眠；环境温度高于35℃，陆龟进入夏眠。陆龟通常以挖掘洞穴、躲藏在树叶下、灌木下冬眠或夏眠，用冬眠和夏眠方式躲避严寒和炎热。

2.爬行　陆龟爬行时，四肢将壳撑起，轮流迈步，左前肢和右后肢同步，右前肢和左后肢同步，一步一个脚印稳健而有力；一旦遇到惊吓和危险，立即将四肢、头尾缩入壳内。

3.挖洞穴　挖洞穴是部分陆龟的特长，一些陆龟挖洞穴用于产卵、躲藏、冬眠或夏眠。用于躲藏、冬眠的洞穴，陆龟用前肢挖掘；用于产卵的洞穴，陆龟用后肢挖掘。穴龟属的成员最擅长挖洞穴，洞穴长达2米以上。苏卡达陆龟也是挖洞穴能手，无论是沙堆还是土堆都能挖掘，即使洞穴中途坍塌，也不遗余力地继续挖掘。陆龟属成员挖的洞穴相对较小且浅，仅能容身。陆龟的洞穴也被其他动物共享，互不干涉。有些陆龟也会侵占或共享兔、鼠等动物挖掘的洞穴。

4.打哈欠　陆龟有打哈欠行为，稚龟破壳后，头部伸出卵壳时，经常先打一个哈欠，然后再爬出卵壳。休息中的陆龟、睡眠后的陆龟也常常打哈欠。陆龟打哈欠是否与人类打哈欠因疲倦、劳累所致；还是另有原因，有待进一步研究。

5.睡觉　陆龟睡觉姿态多样，有的将头颈伸出，头部平放在地上，闭着眼睛，四肢伸展；有的将四肢缩入壳内，只伸出头颈。陆龟睡觉时，周围有声响或震动，可立即醒来。陆龟睡眠时间不分昼夜，一天中随时进入睡眠状态。如果陆龟从早到晚都在嗜睡，眼睛睁不开，是患病的征兆。

冬眠中的陆龟　　　　　　躲藏在洞穴中冬眠的陆龟　　　夏季躲藏在洞穴中的陆龟　　　刚冬眠苏醒的陆龟

爬行中的红腿陆龟　　　　　　　　　　　　　爬行中的黑凹甲陆龟

苏卡达陆龟躲藏的洞穴　　　　穴陆龟的洞穴　　壹图　　　　正在挖掘洞穴的苏卡达陆龟

打哈欠的陆龟　　古河祥　　　打哈欠的陆龟　　壹图　　　　打哈欠的缘翘陆龟

印度星龟睡觉　　吴哲峰　　　　　　苏卡达陆龟睡觉　　壹图　　　　　　阿尔达布拉陆龟睡觉　　壹图

6.晒太阳　陆龟有晒太阳行为，俗称"晒背、晒壳"。晒壳是为了休息和摄取热量，使体温升高，并维持体温，获取活动能力和运动能量；此外，陆龟晒太阳调节体温和代谢，促进钙和维生素的吸收。

7.泡澡和泥浴　苏卡达陆龟、阿尔达布拉陆龟等种类喜欢长时间将身体浸泡在泥沙浆或水中，享受泥沙浴和泡澡。缅甸陆龟喜在雨后爬出活动和觅食。苏卡达陆龟、阿尔达布拉陆龟泥沙浴，一方面，可在烈日下起到降温作用；另一方面，可将吸附在陆龟裸露皮肤的虫杀死。此外，陆龟上岸后，泥浆风干后，将裸露皮肤的褶皱封闭，形成一层保护层，阻挡了蚊虫、血吸虫等攻击。

8.食性　陆龟食性分草食性（植物性）和杂食性两种。大多数陆龟以植物为主要食物，因陆龟生性温和，行动缓慢，因此，它们失去了捕捉小动物的机敏性和快速行动的能力，只能以不会移动的植物作为主要食物，包括植物的各个部分，以叶、茎、果实为主。少数种类的陆龟可以快速行走，捕捉小型昆虫等动物性食物，同时也啃食植物。

三、陆龟生长

龟是世界公认的长寿动物，是长寿的象征和代表，一般寿命为80～150年。加拉帕戈斯陆龟的寿命超过150年，一只名为阿德瓦塔的阿尔达布拉龟陆龟，可能已达255岁。陆龟生长速度缓慢，不同种类其生长速度也不同。一些小型陆龟背甲长每年仅增加2～5毫米，体重增加仅50克；阿尔达布拉陆龟、苏卡达陆龟等大型陆龟，每年背甲长可增加5厘米左右，体重增加1 500克以上。陆龟是否生长，观其背甲盾片衔接处的生长纹便一目了然。虽然龟是长寿动物，但也因环境、食物、人为等因素引起疾病而死亡。

晒太阳的阿尔达布拉陆龟

晒太阳的黄腿陆龟

晒太阳的红腿陆龟 古河祥

晒太阳的苏卡达陆龟

泥沙浆浴 Shutterstock.com

沙浴

吃瓜果的缅甸陆龟

吃香蕉的放射陆龟

吃葡萄的苏卡达陆龟

啃食花的陆龟

吃菜叶的陆龟

吃牧草的苏卡达陆龟

阿尔达布拉陆龟的生长纹是白色　　周峰婷

苏卡达陆龟的生长纹是深绛红色　　周峰婷

四、陆龟分布

世界上除澳洲和南极洲外，其他各大洲——亚洲、非洲、美洲与欧洲大陆和一些岛屿上都有陆龟分布。

1.岛屿上的陆龟　岛屿上的陆龟，主要是指生活于马达加斯加、加拉帕戈斯、毛里求斯、塞舌尔群岛等岛屿的陆龟，包括安哥洛卡陆龟等8种。

在南美洲大陆厄瓜多尔本土向西1 000千米的太平洋上，地处赤道附近与世界隔绝的加拉帕戈斯群岛，包括13个大岛和许多小岛。"加拉帕戈斯"在西班牙语里的意思是"龟"。加拉帕戈斯陆龟分布在周围的各个小岛上，是达尔文进化理论的重要证据之一。

马达加斯加岛位于印度洋西部的非洲岛国，岛屿由火山岩构成。岛上分布安哥洛卡陆龟、放射陆龟等5种陆龟，其中，放射陆龟、安哥洛卡陆龟因龟壳与众不同的结构而被归隶于马岛陆龟属。安哥洛卡陆龟是马达加斯加特有种，因喉盾突出像犁耙状，欧洲人称之为犁耙陆龟。它们主要栖息于马达加斯加岛灌木丛、树林、海岸沙丘、草地和干燥的区域。棕榈科植物、各种草、仙人掌类植物是它们栖息地的主要植被，它们一天中的大部分时间都躲藏于草丛或灌木丛下栖息，都于早晨或傍晚时分出来活动。生活于岛屿上的陆龟，在体型、形态和结构以及对栖息地环境的需求方面都十分特殊，与生活在各洲大陆上的陆龟表现出显著不同。这是因为岛屿之间以及岛屿与大陆之间，被海洋长时间隔离所造成海岛生态系统的特殊性，导致陆龟演化过程中出现高度差异。生活在岛屿上的陆龟，不仅表现出外观上形态特殊，而且内部结构以及生态类型都存在差异。

2.**非洲的陆龟**　非洲有"热带大陆"之称，属于干旱高温的自然环境。非洲大陆上的陆龟主要包括苏卡达陆龟、扁陆龟、南非铰陆龟等15种陆龟。非洲热带草原是当今世界上面积最大的典型热带草原，气候干湿季分明，季节交替规律性强，草原植物类群丰富，生息繁衍在草原上的动物多种多样，也包括一些特有的非洲陆龟种类。铰陆龟属成员的背甲后部具韧带结构，这是陆龟中唯一背甲上有韧带结构的类群；扁陆龟的背甲扁平，甲壳柔软，甲壳可随生活环境的石缝大小膨胀或缩小。生活在西非、中非与南非地区的几何石陆龟、锯齿石陆龟等陆龟属于小型陆龟，背甲上具有特殊的放射状花纹，类似印度星龟。非洲是世界陆龟种类最多的区域，非洲特殊的陆龟物种增加了世界陆龟物种多样性，所以，非洲是世界陆龟多样性第一大洲。

3.**美洲的陆龟**　南美洲广阔平原上蜿蜒流淌的亚马孙河，是世界上水流量最大，流域面积最广的大河。在800万平方千米的土地上孕育出世界上最大的热带雨林，也孕育了红腿陆龟、黄腿陆龟等4种陆龟。生活在这里的陆龟适应了热带雨林潮湿阴郁的环境，智利陆龟栖息于干草原、灌丛环境。

北美洲的陆龟主要包括阿氏穴陆龟、莫氏穴陆龟等6种。因其前肢扁平，善于挖掘洞穴，故分类学家将它们的属名定为穴陆龟，主要分布于美国的得克萨斯州、内华达州以及墨西哥。它们生活在极端干旱与高温的沙漠环境里，与南美洲热带雨林环境中的陆龟截然不同。

4.**欧洲的陆龟**　欧洲陆龟包括埃及陆龟和希腊陆龟等4种。欧洲的陆龟主要分布于地中海沿岸，并以此为中心向外扩散，因此，欧洲的陆龟有地中海陆龟的泛称。这些陆龟属于中小型物种，它们生活在沙丘、半荒漠地带，多岩的灌丛、山地草原，以及温暖的森林等环境中。欧洲陆龟的种类不是很丰富，但是扩散的范围比较广。

5.**亚洲的陆龟**　亚洲陆龟包括凹甲陆龟、黑凹甲陆龟、缅甸陆龟、缅甸星龟等9种。在亚洲北部、中部和南部等都有陆龟分布，它们大多生活在灌丛、草原、森林、丘陵、山地等环境中。其中，温湿度高

加拉帕戈斯陆龟　　Mary Vriens

挺胸角陆龟　　Victor Loehr

阿氏穴陆龟的洞穴　　Torsten Blanck

缘翘陆龟　Torsten Blanck

的环境中陆龟较多，如印度尼西亚、印度、泰国、缅甸等地都有陆龟的踪迹；在阿富汗与巴基斯坦等中亚境内，甚至是纬度较高的俄属中亚都有陆龟踪迹。这些陆龟的体型一般都属于中小型，无法与岛屿上的巨型陆龟相比。但是亚洲陆龟分布的范围以及它们在数量上的优势，是岛屿陆龟难以相比的。在中国塔克拉玛干沙漠中有一种陆龟，这种龟在结构上不像其它陆龟前肢有5爪、后肢4爪；而是前肢和后肢均4爪，故名四爪陆龟，又名旱龟、草原龟。四爪陆龟全年有300多天在沙漠的洞穴中度过，包括冬眠和夏眠。亚洲陆龟的种数仅次于非洲，除希腊陆龟外，其他种类都属于亚洲特有种，亚洲陆龟物种多样性位列世界第二。

第三章
龟文化

以龟为造型的商店　Ranjithsiji

一龟一鹤的饰纹

南京明孝陵内的赑屃

公元500年佛教雕塑上的龟　　李莹

一、中国龟文化

龟行动缓慢、性情温和，在人们心目中不仅仅代表长寿，而且成为随和、稳重、安宁和智慧的象征。在中国文化传承中，龟成为一种具有超凡魅力的形象代表。

在中华民族5 000多年的悠久发展历史中，龟文化源远流长。最早的纪录也有4 000多年，在中华文化中占有重要位置。至今许多名山名水仍以龟命名：武汉的龟山，各地的龟峰龟岭、龟湖龟塘，不胜枚举。华南地区但凡有龟石雕的地方，逢年过节都要为龟石雕挂上红绸缎或者红布，以祈求吉祥。

在早期人类的原始自然崇拜中，龟成为重要的氏族崇拜图腾。相传黄帝族发祥于中原的天鼋山，该族领袖黄帝即"轩辕就是天鼋"，天鼋就是大龟。黄帝族以龟为图腾，作为氏族强大的精神支撑力量。在山东大汶口、河南贾湖、浙江河姆渡等新石器时代的墓葬中，均发现了龟崇拜的文物。公元500年时的佛教雕塑上，有以龟为图案的纹饰。

自古以来，先民对龟崇拜有加。龟堪称位尊权重，是吉祥如意、坚韧不拔、先知先行的动物。龟与龙、凤、麟合称四灵，而龙、凤、麟都属于神话动物，只有龟是唯一在现实中存在的爬行动物。作为吉祥动物，龟与鹤同为长寿的象征，故有龟龄鹤寿用来比喻长生不老。在吉祥图案中也有龟鹤齐龄的长寿图案。在古诗文中也往往将龟与寿联系在一起，唐代诗人白居易的《效陶潜体》中有"松柏与龟鹤，其寿皆千年"的名句；李商隐《祭张书记文》中写到"龟年鹤寿"，寄寓美好与长寿。龟生性静多动少，即使动起来也是悠然自得，与世无争，这可能是龟长寿的秘诀之一。在人类养生方面，提倡动则养身、静则养心，一动一静，颐养天年。

在中国历史文物碑林和一些古迹中，我们常常会看到一只龟驮石碑的场景。这只形似龟的动物其实是汉族神话传说中龙的九个儿子之一，名叫赑屃（读bìxì），又名霸下，也称石龟。传说赑屃力大无穷，被大禹收服后为治水做出贡献。大禹在巨大石碑上刻下赑屃的治水功劳，由赑屃驮着。从此，被降伏的赑屃昂着头，四脚撑地，身驮石碑，勇往直前。因此，赑屃也就成为长寿、吉祥和奋斗的象征。

二、国外龟文化

龟文化不仅在我国是长寿、吉祥的象征，在国外也有龟文化。在古代欧洲，龟的长寿代表勃勃生机；龟的"沉默矜持"寓意于纯洁爱情；龟能产下很多卵，因此它又成为生育和多产的象征。西班牙巴塞罗那的标志性建筑圣家族大教堂（Sagrada Família）大门两旁各有一只张嘴驮着石柱的龟，是圣家族大教堂的设计者高迪借龟长寿之意，象征着耶稣永生。古代巫师利用龟壳保护自己和对抗巫术；嵌在金子里的龟眼，成为对抗"魔眼"的护身符。

龟是古希腊城市埃伊纳岛的象征，岛上城市的印章和硬币是龟的图案。龟是希腊和罗马时代的生育象征。

赫尔墨斯（希腊语Hermes）是宙斯与阿特拉斯之女迈亚的儿子，身居古希腊神话中的奥林匹克十二主神之一，也是众神的使者。龟是他的象征动物之一，他用龟壳、树枝和几根弦做成了第一架七弦琴，发出愉悦的声音。

伊索寓言里《龟兔赛跑》故事，塑造了一只坚持不懈的龟，即使是在自身条件相对不足的前提下，踏踏实实地做事情，锲而不舍，终达目的。收藏于法国卢浮宫博物馆的19世纪伊朗彩陶瓷砖上有龟兔的图案。在印度，各类动物都可以成为神而加以崇拜。在印度宗教中，也经常会出现龟。据印度《百道梵书》记载，龟是创世主大梵天的化身，创造了子孙后代。印度俱利摩（龟）的造型，常常被体现为半人半龟，龟为下体、人为上身，人物的形态、衣饰、手持物品具有典型的印度色彩。

圣家族大教堂的龟柱　　　周峰婷　　圣家族大教堂的龟柱　　　周峰婷　　公元前5世纪饮水杯上的七弦琴雕刻图案　　　Betacommand Bot　　1912年英国的《龟兔赛跑》插画　　　Arthur Rackham

伊朗19世纪的彩陶瓷砖
李莹　提供

俱利摩（龟）半人半
龟的造型　李莹　提供

世界龟被四只大象所支撑，而四只大象站立在龟背上
Popular Science Monthly Volume 10
（约作于1876年）

在印度神话中，龟又被称为宇宙架构的一部分，成为世界龟，为8只白象奠基，白象站在龟背上支撑着天和地。世界龟也称为宇宙龟，是支持或控制世界巨型龟的神话化身。这个神话与世界大象和世界蛇相似，不仅出现在印度神话中，也出现在中国神话和美洲原住民的神话中。

龟的图案也常常出现在欧洲的盾章上，纹章盾徽、外套或战袍上都有龟的元素。盾徽、纹章通常是由一个盾牌、支撑物、饰章及铭言组成，中世纪的骑士以它来辨认和确定身份。直至今日，龟盾徽仍用来作为识别个人、军队、教会、机关团体和公司企业的世袭或继承性标记。加拉帕戈斯群岛隶属厄瓜多尔，它的纹章、盾徽下部是一个盾徽，绿色背景里有两只龟，上部是一个皇冠。

一些国家、城市的国旗、国徽、市徽上也出现龟的图案。哥伦布于1503年发现的开曼群岛（Cayman Islands），是英国在美洲西加勒比群岛的一块海外属地。1957年启用的国徽上方是一圈绳子上趴一只海龟，海龟后面是金菠萝。龟代表开曼群岛的航海历史；菠萝则表示它与牙买加的关系。1999年以后所使用的旗帜，旗底色为蓝色，左上方为英国国旗，右部为国徽。

英属印度洋领地（British Indian Ocean Territory）是在印度洋中部的英国海外领地，包含岛屿、礁盘、暗沙等。其中，岛屿总称查戈斯群岛（Chagos Archipelago），包括总数达2 300个大大小小的热带岛屿。英属印度洋领地的国徽启用于1990年，国徽两侧的海龟象征着海岛。

塞舌尔是非洲东部印度洋上一个独立的群岛国家。塞舌尔国徽的中心图案为一面盾徽，绘有椰子树，椰子树下是当地特有的阿尔达布拉陆龟。

格林海德市（德语Grünheide）是德国勃兰登堡州的一个市镇。其市徽下部蓝白色交错的水波纹代表水体，市徽上半部绿色的背景之上是一只黄色的龟。

龟图案在流行文化中被摄影师、画家、诗人和雕塑家等作为主题予以表达和展示，象征长寿、和平、坚定、环保和海洋生态的龟也出现在一些国家的钱币、邮票上，它们在世界各地的龟文化中具有重要的作用。

开曼群岛的国徽

英属印度洋领地的国徽

塞舌尔国徽

加拉帕戈斯群岛的纹章盾徽

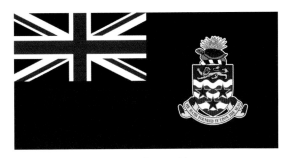

开曼群岛的国旗

霍珀加滕市市徽

格林海德市市徽

纸币上的龟

钱币上的龟

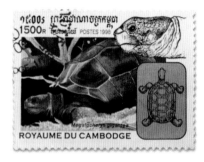

邮票上的陆龟

第四章
陆龟外部形态结构专用术语

豹龟　朱彤

一、陆龟外部形态

陆龟外部形态由头、躯干、四肢和尾组成。陆龟体型多样，小型个体背甲长仅10厘米左右，体重300克左右；大型个体背甲长达2米，体重200千克。

陆龟头部呈三角形，头部前端圆钝，头顶部具鳞片，口内无齿，颌部形成坚硬的角质状。喙形状多样，多以鹰嘴形、锯齿形、W形为主，更适宜啃食植物。眼睛部位的上眼睑可活动，下眼睑不能活动。

陆龟躯干部分由坚硬厚重的甲壳包裹，甲壳的形状、颜色和斑纹千差万别。大多数种类的背甲有美丽花纹，如缅甸星龟、放

陆龟的外部形态

W形喙

鹰嘴形喙　Victor Loehr

锯齿形喙

背甲有放射状斑纹

背甲无斑纹

希腊陆龟的股部有硬棘

赫曼陆龟的尾部末端有尾爪

凹甲陆龟的股部有硬棘

射陆龟、豹龟等。陆龟的稚龟、幼龟、成龟的背甲斑纹变化较大。陆龟同时拥有内骨骼与外骨骼，背甲与椎骨、肋骨和胸腔融合，胸带和骨盆带位于胸腔内而不是外侧，这在脊椎动物中是很特殊的结构。

四肢分为前肢和后肢，各1对。前肢有的呈扁平形、有的略扁圆，覆盖大小不一的硬鳞；后肢粗大，圆柱状，覆小鳞片，形如象腿，粗壮有力。有的种类股部有突起尖硬的结节，称为硬棘（spurs）。陆龟的脚有短趾，趾间无蹼，以适应干旱的陆地环境生活。

尾短（雄龟尾较长），有的尾末端有角质状爪，称为尾爪（clawlike tubercle 或 horny claw）或尾鳞（terminal scale）。

二、陆龟甲壳结构专用术语

甲壳由背甲和腹甲两部分组成。通过腹甲舌板和下板延伸部分与背甲缘板相连接（有些种类借韧带连接），形成一个前后开孔的盒状整体。

陆龟的甲壳分内外两层，最外层为角质片，称为盾片，盾片来源于表皮，覆盖在骨板上，甲壳由51～54枚盾片构成。盾片之间互相连接形成一个整体。盾片颜色、斑纹和形状，因种类和位置的不同存有差异。

甲壳的内层为骨质，称为骨板；骨板来源于真皮，由58～59枚骨板构成。骨板呈白色，坚硬（扁陆龟的骨板柔软）；骨板之间以骨缝连接，骨缝呈细密锯齿状，互相插入啮合。盾片之间的接缝和骨板之间接缝彼此交错，互不重叠，增加了龟壳的稳定性和牢固性。每枚盾片和骨板均有专用术语，其形状、数量、排列方式等特征以及盾片的颜色和斑纹，都是陆龟分类中不可缺少

陆龟的甲壳　　周峰婷

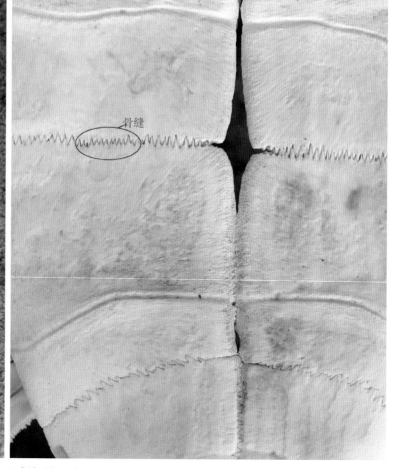

骨板间的骨缝　　周峰婷

的依据。

1.背甲 背甲上的盾片由大小不等、形状不同的36～38枚盾片组成；背甲上的骨板由大小不同、形状各异的49～50枚骨板组成。有些种类无颈盾；有些种类臀盾仅1枚。肋盾、椎盾和缘盾的数量因个体变异，各盾片的数量出现少于或多于正常数量现象。如椎盾正常数量是5枚，有些个体仅4枚或6枚。

陆龟背甲结构的专用术语

盾片 scutes			骨板 bones		
中文名	英文名	数量（枚）	中文名	英文名	数量（枚）
颈盾	cervical	0～1	颈板	nuchal	1
肋盾	pleural	8	肋板	costal	16
椎盾	vertebral	5	椎板	neural	8
臀盾	supracaudal	1～2	上臀板	suprapygal	1～2
缘盾	marginal	22	臀板	pygal	1
			缘板	peripheral	22

2.腹甲 腹甲盾片由11～12枚盾片组成，盾片与盾片之间连接的部分称为沟，肱盾与肱盾相连接的沟称为肱盾沟，喉盾与肱盾相连接的沟称为喉肱沟，其他盾片间相互连接的沟名称依此类推。腹甲骨板由9枚骨板组成，骨板与骨板之间连接的部分称为缝，上板与上板之间的缝称为上板缝，上板与舌板之间的缝称为上舌板缝，其他骨板间的缝名称依此类推。

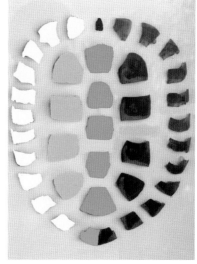

背甲盾片

▬ 颈盾 ▬ 缘盾 ▬ 肋盾 ▬ 椎盾 ▬ 臀盾

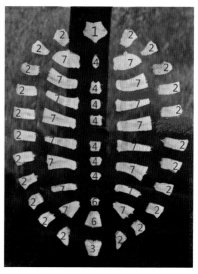

背甲骨板

1.颈板 2.缘板 3.臀板
4.椎板 6.上臀板 7.肋板

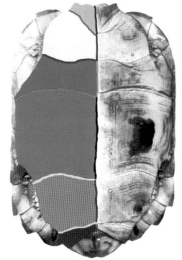

腹甲盾片

▬ 喉盾 ▬ 肱盾 ▬ 胸盾
▬ 腹盾 ▬ 股盾 ▬ 肛盾

▬ 喉盾沟 ▬ 肱盾沟 ▬ 胸盾沟
▬ 腹盾沟 ▬ 股盾沟 ▬ 肛盾沟
▬ 喉肱盾沟 ▬ 肱胸盾沟 ▬ 胸腹盾沟
▬ 腹股盾沟 ▬ 股肛盾沟

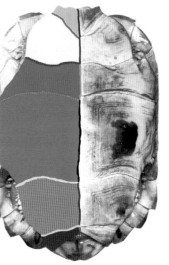

腹甲骨板

▬ 上板 ▬ 内板 ▬ 舌板
▬ 下板 ▬ 剑板

陆龟腹甲结构的专用术语

盾片 scutes			骨板 bones		
中文名	英文名	数量（枚）	中文名	英文名	数量（枚）
喉 盾	gular	1～2	上板	epiplastron	2
肱 盾	humeral	2	内板	entoplastron	1
胸 盾	pectoral	2	舌板	hyoplastron	2
腹 盾	abdominal	2	下板	hypoplastron	2
股 盾	femoral	2	剑板	xiphiplastron	2
肛 盾	anal	2			

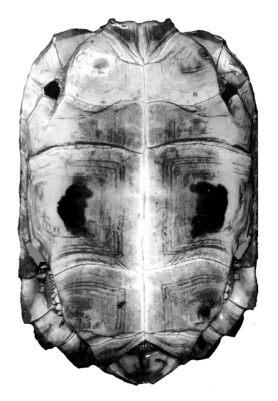

3.甲桥　腹甲的舌板和下板向外延伸，与背甲缘板借骨缝或韧带相连，延伸的部分称为甲桥；延伸部分的骨板外层覆盖腋盾和胯盾。

陆龟甲桥结构的专用术语

中文名	英文名	数量（枚）
腋 盾	axillary	0～2
胯 盾	inguinal	0～2

甲　桥

■■ 腋盾　■■ 胯盾

第五章
陆龟种类

帐篷陆龟　　Victor Loehr

一、阿尔达布拉陆龟属 *Aldabrachelys* Loveridge & Williams，1957

阿尔达布拉陆龟属仅1种，4个亚种。主要特征：体型巨大，外鼻孔形状窄且长，颈盾1枚，喉盾1对，通体黑褐色。分布于塞舌尔的阿尔达布拉环礁群岛。

阿尔达布拉陆龟

学　　名　*Aldabrachelys gigantea*（Schweigger，1812）

英 文 名　Aldabra Giant Tortoise

别　　名　亚达伯拉陆龟、亚达伯拉象龟、象龟、大象龟

分　　布　塞舌尔的阿尔达布拉环礁群岛。

种名词源　*gigantea* 源自拉丁语"gigas"，即"巨人"意思，指龟的体型巨大。

种下分类　4个亚种，分布于塞舌尔群岛的不同岛屿。

阿尔达布拉陆龟

CITES公约：附录 II

主要特征　背甲长90～120厘米。背甲长椭圆形，中央隆起，颈盾单枚，缘盾9对，臀盾单枚。腹甲宽大。头顶黑色，略隆起，外鼻孔形状窄且长。四肢有大鳞片。

雌雄识别　雄龟体型比雌龟大。雄龟背甲长123厘米、体重250千克；雌龟背甲长91厘米、体重160千克。雄龟腹甲中央凹陷，尾长且粗；雌龟体型略小，腹甲平坦，尾短。

生活习性　龟捕食等活动受环境温度影响较大，适宜温度20～32℃，喜温暖潮湿的环境，惧寒冷和强烈阳光。喜白天活动和冒雨爬行。天气炎热时，喜将身体埋入浅水区域的泥浆中避暑。以植物为主的杂食性，各种草、树叶、嫩芽均食，也捕食少量肉类。2—9月产卵，每窝卵9～25枚。卵圆球形，直径50毫米左右。孵化期110～250天，孵化温度26～30℃。幼龟生长速度快，随着年龄增大，生长缓慢。

保育状况　由于塞舌尔采取了建立自然保护区、人工饲养繁殖、野外放归、控制游客上岛数量等保护措施，各个岛屿环境得到适当保护，人为破坏和影响受到控制。目前，各岛屿上大约有10万只阿尔达布拉陆龟，成为世界上阿尔达布拉陆龟最大的种群中心。此外，阿尔达布拉陆龟在毛里求斯、马达加斯加、日本等国家的保育中心、动物园及部分爱好者家中均有饲养繁育。我国上海和北京动物园等动物展示饲养机构已饲养数十只；我国广东、海南和香港、台湾地区的爱好者也均有饲养，并已成功繁育。

阿尔达布拉陆龟 *Aldabrchelys gigantea* 的亚种名录

序号	中文名	学　名	分　布	其　他
1	阿尔达布拉陆龟指名亚种	*Aldabrachelys gigantea gigantea*	塞舌尔群岛的阿尔达布拉岛	
2	阿尔达布拉陆龟阿诺德亚种	*Aldabrachelys gigantea arnoldi*	塞舌尔群岛的马埃岛（Mahé）	
3	阿尔达布拉陆龟马埃亚种	*Aldabrachelys gigantea daudinii*	塞舌尔群岛的马埃岛（Mahé）	灭绝于1850年
4	阿尔达布拉陆龟塞舌尔亚种	*Aldabrachelys gigantea hololissa*	塞舌尔群岛普拉斯林岛（Praslin）、锡路埃特岛（Silhouette）、库西纳岛（Cousine）、圆岛（Round）、弗雷格特岛（Frégate）	

阿尔达布拉陆龟塞舌尔亚种　　　　阿尔达布拉阿诺德亚种　　　　阿尔达布拉陆龟马埃亚种　　　阿尔达布拉陆龟指名亚种
　　　　　图虫创意　　　　　　　　　　　Papat 画　　　　　　　　　Roger Bour

成龟　　周峰婷　　　　　　　　　　　　　　　成龟　　陈伟岗

头部　周峰婷

鼻孔长且窄　周峰婷

雄龟腹部凹陷

雌龟腹部平坦　周峰婷

成龟　周峰婷

雄龟尾部粗长　图虫创意

幼龟背部

幼龟腹部

幼龟背部　　周峰婷

幼龟腹部　　周峰婷

稚龟　　魏鸿仁

二、马岛陆龟属 *Astrochelys* Gray，1873

本属已知放射陆龟（*Astrochelys radiata*）、安哥洛卡陆龟（*Astrochelys yniphora*）2种。主要特征：背甲隆起较高，胸盾沟长度比股盾沟短。均分布于马达加斯加岛，是马达加斯加岛特有的陆龟。

马岛陆龟属 *Astrochelys* 的种类检索

1a 喉盾单枚，向前突出明显，背甲和腹甲黄色，无放射状斑纹·····················安哥洛卡陆龟 *Astrochelys yniphora*

1b 喉盾2枚，通常不向前突出，背甲和腹甲上有黄色放射状斑纹 ·····················放射陆龟 *Astrochelys radiata*

放射陆龟

安哥洛卡陆龟

放 射 陆 龟

学　　名　*Astrochelys radiata*（Shaw，1802）

英 文 名　Radiated Tortoise

别　　名　辐纹陆龟、辐射陆龟、驼背龟、菠萝龟、射纹龟

分　　布　马达加斯加岛南部。

种名词源　*radiata* 源自拉丁语"radiato"，即"辐射"意思，指龟的背甲斑纹呈放射状。

主要特征　雄龟背甲长33 ～ 40厘米、体重6.7千克；雌龟背甲长30厘米左右、体重5.5千克。背甲每块
盾片具黄色放射状斑纹，背甲高隆。腹甲黄色，有数块黑色三角形斑纹，喉盾2枚。头较小，黄色，头顶后部黑色，上喙略呈钩形。

雌雄识别　性成熟期16年。人工饲养条件下，性成熟期可提前。雄龟体型较大，喉盾较长，向前突出，2枚肛盾之间的角度
大于90°，有的个体接近180°，腹甲中央凹陷；雌龟体型略小，喉盾较短，不向前突出，2枚肛盾之间的角度接近90°，腹甲中
央平坦。

生活习性　喜生活于干燥的灌木林区。草食性，以植物的花、果实，多肉植物，树叶和草为食。人工饲养条件下，喜食植
物茎叶、瓜果、蔬菜等植物，如苹果、香蕉、大白菜等；少数龟有食小石子现象。在马达加斯加岛，每年1—8月产卵，每年产
卵1 ～ 3窝，每窝卵3 ～ 12枚。卵圆球形，直径32 ～ 40毫米。卵重28 ～ 55克。孵化期受孵化温度影响，通常需145 ～ 231天，
有的孵化期达300多天。

保　　护　马达加斯加、毛里求斯等国家建立了放射陆龟保育中心，有些保育中心对公众开放。

放射陆龟

CITES公约：附录 I

成龟背部

成龟

成龟

雌龟背部

雄龟背部

雌龟头部

雄龟头部

雌龟腹部平坦

雄龟腹部凹陷

成龟　Rick Hudson

背部斑纹

成龟　吴哲峰

产卵

背甲长17～22厘米的龟

幼龟背部

幼龟

幼龟背部

幼龟腹部

幼龟背部

幼龟腹部

幼龟背部 黄凯

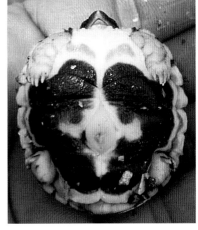

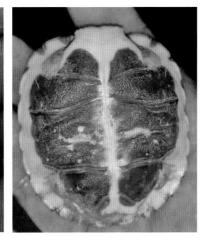

50天左右幼龟腹部 高继宏　　　幼龟腹部 黄凯

50天左右幼龟背部 高继宏

幼龟背部和腹部

幼龟背部

安 哥 洛 卡 陆 龟

学　　名　*Astrochelys yniphora*（Vaillant，1885）

英 文 名　Angonoka

别　　名　安哥洛卡象龟、马达加斯加陆龟、犁头龟

分　　布　马达加斯加岛西北部。

种名词源　*yniphora* 是英语"bearing"之意，即"融合的"意思，指龟的2枚喉盾融合为1枚。

主要特征　雄龟背甲长41.5厘米、体重10.3千克；雌龟背甲长37厘米、体重8.8千克。背甲具褐棕色斑纹，每块缘盾上有黑色三角形斑纹（成体为灰黄色）；背甲顶部高高隆起，接近球形。腹甲前半部比后半部大，喉盾单枚，向前突出。头部黄色，较小，上喙略呈钩形。

雌雄识别　雄龟比雌龟体型大。雄龟喉盾长，向前延伸突出，呈犁耙状，腹甲中央凹陷显著，2枚肛盾间的夹角成钝角，尾长；雌龟喉盾略短，腹甲中央平坦，2枚肛盾间的夹角成90°左右，尾短。

生活习性　栖息于干燥热带草原或海岸附近的低矮灌木环境中，喜躲藏于杂草灌木丛中。草食性，以植物茎叶、果实为食。喜早晚活动，中午躲藏于灌木丛中，不挖洞穴躲藏。全年可产卵，每窝1～6枚，体型大的雌龟可产卵9～12枚，卵圆球形，卵重36.2克。孵化期197～281天。稚龟背甲长35～50毫米，体重11～35克。

保　　护　安哥洛卡陆龟是马达加斯加特有种类，也是马达加斯加最大的陆龟。因其特殊外形和数量稀少，一直备受国际陆龟市场的青睐，导致野外盗猎和走私猖獗，法国、意大利、马达加斯加等国家均有在机场截获的报道。近20年以来，随着马达加斯加政府采取保护环境、建立保护区、人工繁育基地等相关措施，以及国际保育组织协作，安哥洛卡陆龟种群状况略有改善。

安哥洛卡陆龟

CITES公约：附录 I

成龟

成龟

成龟

成龟背部

成龟腹部（左雌右雄）

雄龟的喉盾长　　Victor Loehr

雌龟的喉盾短　　朱彤

幼龟　　Shutterstock.com

幼龟背部

幼龟腹部

成龟

三、中非陆龟属 *Centrochelys* Gray，1872

本属仅1种，即苏卡达陆龟（*Centrochelys sulcata*）。主要特征：背甲和腹甲均无斑纹，缺少颈盾，分布于非洲中部。苏卡达陆龟是巨型陆龟之一，是世界上第三大陆龟，但在大陆型陆龟中，是最大的。

苏 卡 达 陆 龟

苏卡达陆龟

CITES公约：附录 II

学　　名　*Centrochelys sulcata*（Miller，1779）

英 文 名　African Spurred Tortoise

别　　名　南非陆龟、苏卡达象龟、非洲盾臂龟

分　　布　非洲的乍得、喀麦隆、苏丹、马里、毛利塔利亚、塞内加尔等国家。

种名词源　*sulcata* 源自拉丁语"sulco"，即"犁田"之意，指龟的喉盾向前突出似耕田的犁铧，雄龟的喉盾更为明显。

主要特征　背甲长达76厘米，体重98千克。背甲淡黄色，无斑纹；背甲中央平坦，无颈盾；背甲前缘缺刻较深，背甲前后缘盾均呈锯齿状。腹甲淡黄色，喉盾较厚略突出。头部灰褐色（幼体呈淡黄色），头部鳞片较小，上喙钩形。股部具角质刺状硬棘，尾短。

雌雄识别　野外的龟性成熟期10～15年，人工饲养条件下，性成熟期可提前6～8年。雄龟体型比雌龟大，体重可超过90千克，背甲前缘向上翻卷明显，腹甲中央凹陷，喉盾向前延伸较长，尾长且粗；雌龟体型略小，背甲前缘不翻卷，腹甲平坦，喉盾较短，尾短。

生活习性　栖息于沙漠周边或热带草原等开阔干燥的地域。擅长挖洞穴，洞穴长达2米。洞穴不仅可帮助龟避寒避暑，还可吸引蛇、兔、蚂蚱等其他动物进入，为龟提供食物。苏卡达陆龟喜在雨中爬行，寻找食物和饮水。环境温度15℃以上，活动活跃，适宜温度22～30℃。杂食性，野外的龟吃兔、山羊、蜥蜴等动物腐肉。人工饲养条件下，喜食空心菜、卷心菜、胡萝卜等各种瓜果蔬菜，牧草、桑叶、多肉植物等，可投喂少量牛肉、黄粉虫等动物性食物。野外的苏卡达陆龟每年11月底至翌年5月初产卵，因生活地域不同，产卵时间有差异。海南岛每年9月产卵，每次产卵10～26枚，体型大的陆龟可产卵33枚以上。龟分批产卵，每年2～3窝。卵呈白色，圆球形，也有一些呈短椭圆形，直径41～44毫米，卵重32～70克，硬壳。孵化期80～180天。稚龟重45克。

保　　护　野外数量日趋减少，早在20世纪90年代，塞内加尔启动了"SOS SULCATA"苏卡达陆龟的2个保育项目。在国际保育组织资助和帮助下，建立了繁育中心，开展人工饲养繁育，并放归野外。

成龟

成龟

成龟

一群成龟

雌龟腹部

雌龟背部

雄龟腹部

雄龟

雌龟喉盾短

雄龟喉盾长

即将出壳的龟　陈伟岗

龟卵

出壳10多天的龟

稚龟

幼龟　　　　　　　　幼龟　　　　　　　　幼龟　　　　　　　　亚成体

背甲盾片变异的苏卡达陆龟

四、南美陆龟属 *Chelonoidis* Fitzinger，1835

本属已知17种，红腿陆龟（*Chelonoidis carbonarius*）、智利陆龟（*Chelonoidis chilensis*）、黄腿陆龟（*Chelonoidis denticulatus*）和加拉帕戈斯陆龟复合种（*Chelonoidis niger* species complex）。加拉帕戈斯陆龟复合种统称加拉帕戈斯陆龟，已知14种。17种陆龟均分布于南美洲，是世界第一大陆龟，有着悠久的历史；黄腿陆龟是世界八大陆龟之一。

红腿陆龟　Matias Yang

智利陆龟　Willam Ho

加拉帕戈斯陆龟　朱彤

黄腿陆龟

红　腿　陆　龟

学　　　名　*Chelonoidis carbonarius*（Spix，1824）

英　文　名　Red-footed Tortoise

别　　　名　红腿象龟

分　　　布　委内瑞拉、圭亚那、秘鲁、巴西、阿根廷等南美洲国家。

种名词源　*carbonarius* 是拉丁语，是"碳炉子"之意，指龟背甲黑色似碳的颜色。

红腿陆龟

CITES公约：附录 II

主要特征　背甲长36厘米。背甲长椭圆形，背甲两侧中部向内弯曲。腹甲股盾沟比肱盾沟长或相等，肛盾较小。头部前端1枚前额鳞、1枚鼻鳞。前肢有大鳞片，呈红色或橘红色。

雌雄识别　人工饲养条件下，性成熟期4～6年；雄龟成熟早于雌龟。雄龟体型大于雌性，雄龟腹甲凹陷，肛盾缺刻宽，接近180°，尾长；雌龟腹甲平坦，肛盾缺刻约90°，尾短。

生活习性　生活环境广泛，干燥草原、热带森林都有其踪迹。杂食性，以花、叶、果实等植物为主，也食昆虫等动物性食物。适宜环境温度25～28℃。夏季，喜躲藏于阴凉处，凌晨和傍晚活动多，喜在雨中爬行觅食。在南美洲，6～9月产卵；在海南岛，8—10月交配，1月产卵。每年可产2～3窝，每窝卵3～15枚，卵短椭圆形或圆球形。孵化温度28～30℃，孵化期120～175天。稚龟背甲长40毫米左右。

成龟　　Matias Yang

老年个体　　古河祥

头部　　朱彤

成龟背部（左雄右雌）　　　　　　　　　　　成龟腹部（左雄右雌）

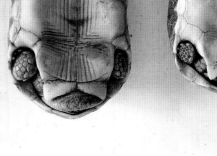

雌龟腹部　　　　　　　　　雄龟腹部　　　　　　　　　腹部（左雄右雌）

亚成体　　　　　　　　　　　亚成体　　　　　　　　　　　白化红腿陆龟　　Matias Yang

稚龟　　　　　　　　　　　稚龟腹部　　　　　　　　　　稚龟　　　　　　　　　　幼龟

幼龟背部　　　　　　　　　幼龟腹部　　　　　　　　　　幼龟　　　　　　　　　　龟卵

智 利 陆 龟

学　　名　*Chelonoidis chilensis*（Gray，1870）

英 文 名　Chaco Tortoise

别　　名　阿根廷陆龟、阿根廷地鼠陆龟

分　　布　阿根廷、玻利维亚、巴拉圭。

种名词源　*chilensis* 源自英语"Chile"，即智利，指龟的模式标本来自智利。

主要特征　背甲长43厘米左右。背甲淡黄色，无斑纹，每个盾片之间有黄褐色生长纹，背甲前缘略呈锯齿状。腹甲宽大，淡黄色，无斑纹。头顶部淡黄色，鳞片较小。尾部末端具1枚尾爪。

雌雄识别　雄龟体型小于雌龟，雄龟尾长，雌龟尾短。

生活习性　主要栖息于草原、灌木林及干燥森林的区域。为躲避夏季40℃高温及冬季10℃以下的低温恶劣气候，龟将迁徙或挖洞避暑避寒。11—12月为求偶期间，1—3月产卵，每次产卵1～6枚，每年可产卵2窝。卵白色，硬壳，椭圆形，卵长径42～49毫米、短径32～38毫米。孵化期125天以上，有时长达一年或更久。

其　　他　1870年描述模式标本产地有误，正确的分布是阿根廷。

智利陆龟

CITES公约：附录 II

头部　Petr Petras

成龟　Petr Petras

成龟　David Fabius

成龟背部　Petr Petras

成龟腹部　Petr Petras

幼龟　Shutterstock.com

亚成体　Bernard Devaux & Franck Bonin

幼龟　壹图

幼龟　王生

幼龟　David Fabius

稚龟腹部　David Fabius

稚龟　David Fabius

黄 腿 陆 龟

学　　名　*Chelonoidis denticulatus*（Linnaeus，1766）

英 文 名　Yellow-footed Tortoise

别　　名　黄腿象龟

分　　布　玻利维亚、巴西、哥伦比亚、秘鲁、委内瑞拉等。

种名词源　*denticulatus* 是英语"toothed sides"之意，即"侧面有齿状"之意，指龟的上喙边缘有齿。

主要特征　背甲长40厘米。背甲顶部平，背甲两侧边缘直。腹甲的股盾沟比肱盾沟长。头顶前端具2枚大的前额鳞，鳞片黄色或橙黄色。前肢鳞片呈黄色或橘黄色。

雌雄识别　性成熟期约5年以上。雌龟腹甲平坦，雄龟腹甲凹陷。

生活习性　喜湿润环境，杂食性，以蘑菇、莴苣等植物为主要食物，也食腐肉、蠕虫等。人工饲养条件下，以瓜果、菜叶为主，可少量喂黄粉虫。每年可产卵3～4窝，每窝卵4～16枚。卵圆球形，直径30毫米左右。孵化温度26～30℃，孵化期150～190天。

黄腿陆龟

CITES公约：附录 II

成龟　　周峰婷

交配　　Shutterstock.com

成龟

成龟背部（左雌右雄）　周峰婷

头部　周峰婷

成龟腹部（左雄右雌）　周峰婷

成龟背部

头部

成龟腹部

成龟背部

头部

成龟腹部

加拉帕戈斯陆龟复合种

学　　名　*Chelonoidis niger* species complex

英 文 名　Galapagos Giant Tortoise

别　　名　巨龟、象龟、加拉帕戈斯陆龟

分　　布　厄瓜多尔的加拉帕戈斯群岛。

种 名 词 源　*niger* 是拉丁语，即"黑色"意思，指龟的背甲为黑色。

加拉帕戈斯
陆龟复合种

CITES公约：附录 I

主要特征　加拉帕戈斯的鼻孔为圆形。加拉帕戈斯群岛上不同岛屿的生态环境差异明显，使龟的背甲形状、体型大小、外部形态、骨骼结构等特征出现差异。有的背甲呈圆拱形，有的背甲呈马鞍形；有的体型较小，有的体型巨大；有的颈部和腿部长短不一。

雌雄识别　15岁左右可识别性别，性成熟期20 ～ 25年。人工饲养条件下，18年可产卵。雄龟体型比雌龟大，雄龟腹甲凹陷明显，尾长且粗；雌龟腹甲平坦。

生活习性　生活于潮湿和干旱地区，在雨季和旱季会季节性迁移。草食性，食各种瓜果蔬菜、植物树叶、牧草等。雨季爬出活动、洗澡、饮水。人工饲养条件下，每年产卵2窝，每窝卵4 ～ 15枚。孵化期4 ～ 5个月。稚龟背甲长64毫米左右，稚龟生长快，6个月的龟背甲长10 ～ 13厘米，3年龄龟背甲长38厘米左右，体重9千克。

加拉帕戈斯陆龟　　　朱彤

加拉帕戈斯陆龟是世界上最大的陆龟动物，背甲长150～180厘米、体重200～300千克，是加拉帕戈斯群岛的特有种。加拉帕戈斯陆龟是长寿动物之一，野外的龟寿命超过100年。著名的"孤独乔治"，即平塔岛加拉帕戈斯陆龟，2012年去世时寿命100多岁。保存于澳大利亚动物园的标本——哈里特，是目前最古老的加拉帕戈斯陆龟，2006年去世时寿命超过170岁。

早在1965年，加拉帕戈斯国家公园已开始建立繁育计划，孵化出的龟饲育到4～5岁后放归野外，有效地保护和延续了加拉帕戈斯陆龟。目前，欧美国家、澳大利亚等国家的动物园都有饲养加拉帕戈斯陆龟，有的已繁育后代。

头部　　壹图

加拉帕戈斯陆龟　　古河祥

加拉帕戈斯陆龟幼龟　　Shutterstock.com

加拉帕戈斯陆龟稚龟和龟卵
Shutterstock.com

加拉帕戈斯陆龟复合种包含来自9个岛屿的14种陆龟，其中2种已灭绝，其余12种处于易危、濒危状态。

加拉帕戈斯陆龟复合种因背甲形态上的差异，可分为两大类——圆背型和鞍背型。

圆背型　主要生活于水草丰富、气候湿润、海拔800米以上的大岛屿，取食地面上的各种植物。它们背甲圆润，体型敦实，雄龟背甲长约1.5米，体重可达400千克以上。

鞍背型　生活的岛屿通常是海拔不超过500米的小岛，栖息环境相对干旱，多石砾及仙人掌科植物。它们的体型也相对偏瘦，背甲前缘向上隆起，形成似马鞍的形状。这种特殊形状的背甲给予脖子更大的活动空间，能取食到更高处的植物，如仙人掌及小灌木等。在干旱的季节，可以有更广泛的食物选择。

加拉帕戈斯陆龟复合种*Chelonoidis niger* species complex 的名录

序号	中文名	学　名	现存情况	备　注
1	平塔岛加拉帕戈斯陆龟	*Chelonoidis abingdonii*	2012年灭绝	
2	沃尔夫加拉帕戈斯陆龟	*Chelonoidis becki*	现存	
3	查塔姆加拉帕戈斯陆龟	*Chelonoidis chathamensis*	现存	灭绝于1850年
4	杰姆岛加拉帕戈斯陆龟	*Chelonoidis darwini*	现存	
5	福斯托加拉帕戈斯陆龟	*Chelonoidis donfaustoi*	现存	2015年命名
6	平松岛加拉帕戈斯陆龟	*Chelonoidis duncanensis*	现存	1996年命名
7	内格拉加拉帕戈斯陆龟	*Chelonoidis guntheri*	现存	1996年命名
8	西班牙岛加拉帕戈斯陆龟	*Chelonoidis hoodensis*	现存	
9	达尔文加拉帕戈斯陆龟	*Chelonoidis microphyes*	现存	
10	黑加拉帕戈斯陆龟	*Chelonoidis niger*	1850年灭绝	
11	费尔南迪纳加拉帕戈斯陆龟	*Chelonoidis phantasticus*	现存	2019年2月被再次发现
12	圣克鲁斯加拉帕戈斯陆龟	*Chelonoidis porteri*	现存	
13	艾可多亚加拉帕戈斯陆龟	*Chelonoidis vandenburghi*	现存	
14	阿苏尔加拉帕戈斯陆龟	*Chelonoidis vicina*	现存	

去世前几天的"乔治"   Shutterstock.com

福斯托加拉帕戈斯陆龟   Adalgisa Caccone

黑加拉帕戈斯陆龟   吴哲峰

平塔岛加拉帕戈斯陆龟   吴哲峰

平松岛加拉帕戈斯陆龟   Torsten Blanck

费尔南迪纳加拉帕戈斯陆龟

Mark Romanov & John Harrington

查塔姆加拉帕戈斯陆龟　　*Shutterstock.com*

达尔文加拉帕戈斯陆龟　　吴哲峰

杰姆岛加拉帕戈斯陆龟　　吴哲峰

内格拉加拉帕戈斯陆龟　　*Shutterstock.com*

圣克鲁斯加拉帕戈斯陆龟　　*Shutterstock.com*

西班牙岛加拉帕戈斯陆龟　　*Shutterstock.com*

五、角陆龟属 *Chersina* Gray，1830

本属已知1种，即挺胸角陆龟（*Chersina angulata*）。主要特征：背甲长，顶部圆拱，背甲顶部向两侧骤然下降；喉盾单枚，向前突出明显，肛盾大。分布于南非，是南非的特有种。

幼龟　　Victor Loehr

成龟　　Peter Praschag

成龟　　Victor Loehr

挺 胸 角 陆 龟

学　　名　*Chersina angulata*（Duméril *in* Schweigger，1812）

英 文 名　South African Bowsprit Tortoise

别　　名　南非挺胸陆龟、挺胸陆龟、角陆龟

分　　布　纳米比亚、南非。

种名词源　*angulata* 源自拉丁语"angulatus"，即"有角的"之意，指龟的喉盾向前突出似角。

主要特征　背甲长35厘米左右，体重4千克。背甲顶部圆拱，自顶部向背甲两侧骤然下降，椎盾和肋盾
有黑色斑纹，缘盾有黑色三角形斑纹。腹甲喉盾单枚，向前突出似雪橇，肛盾较大。头部小，顶部黑褐色，有鳞。

雌雄识别　性成熟期10～12年，雄龟比雌龟体型大。雄龟喉盾向前突出较长，突出部分尖锐，腹甲后部略凹，臀盾向内翻
卷，似球根状，尾粗且长；雌龟喉盾向前突出，突出边缘钝，腹甲平坦，臀盾边缘较平，尾短。

生活习性　喜生活于干燥的草地和有灌木丛的陆地，喜沙质陆地，岩石地区也见其踪迹。全年均可活动，无冬眠，活动时间
受降雨和温度影响，春季喜晒太阳。杂食性，食苔藓、蘑菇、昆虫、蜗牛和兔子等动物粪便，也吃一些沙。春季开始交配，交配
前，雄龟间为争夺交配权展开格斗。春季末和夏季产卵，每年可产卵4～6窝，每窝卵1～2枚。孵化期98～198天。稚龟背甲
长30～39毫米，体重12～18克。

挺胸角陆龟

CITES公约：附录Ⅱ

雄龟背部　　　　雄龟背部　Christoph Fritz　　　雌龟背部　Victor Loehr　　　雌龟背部　Christoph Fritz

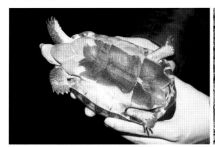

雄龟腹部　　　　雄龟腹部　Christoph Fritz　　　雌龟腹部　Victor Loehr　　　雌龟腹部　Christoph Fritz

幼龟　Shutterstock.com

雄龟腹部　Nicolas Pellegrin

亚成体　Nicolas Pellegrin

亚成体　吴哲峰

亚成体　Shutterstock.com

稚龟　Peter Prachag

幼龟　Shutterstock.com

幼龟　Petr Petras

六、南非陆龟属 *Chersobius* Fitzinger，1835

现存3种，即卡鲁陆龟（*Chersobius boulengeri*）、斑点陆龟（*Chersobius signatus*）、纳马陆龟（*Chersobius solus*）。主要特征：体型小，背甲长约10厘米，前肢5爪、后肢4爪，仅有1枚胯盾，产卵仅1枚。分布于南非，生活于岩石干旱地区。

南非陆龟属 *Chersobius* 的种类检索

1a	股部没有硬棘 ······················· 纳马陆龟 *Chersobius solus*
1b	股部有硬棘 ································· 2
2a	缘盾11对（11～12对），背甲通常为黄色、灰白色或黑棕色，无斑点 ········· 卡鲁陆龟 *Chersobius boulengeri*
2b	缘盾12对（11～13对），背甲有黑色斑点 ·············· 斑点陆龟 *Chersobius signatus*

斑点陆龟　　Victor Loehr

纳马陆龟　　Margaretha D. Hofmeyr

卡鲁陆龟　　Victor Loehr

卡 鲁 陆 龟

学　　名　*Chersobius boulengeri*（Duerden，1906）

英 文 名　Karoo Dwarf Tortoise

别　　名　布氏陆龟

分　　布　南非。

卡鲁陆龟

CITES公约：附录 II

种名词源　*boulengeri* 源自 George Albert Boulenger（1858—1937）的姓氏，他是比利时裔英籍两栖爬行动物学家，曾工作于英国自然历史博物馆近40年。

主要特征　体型小，背甲长11厘米左右。背甲通常黄色、灰白色或黑棕色，顶部平坦，背甲后部边缘呈锯齿状。腹甲颜色多样，通常为淡黄色，有深色斑纹；仅有1枚胯盾。头顶部有小鳞，吻不突出，上喙具3个尖齿。前肢覆盖3 ～ 5列大鳞，前肢5爪、后肢4爪。股部有硬棘。

雌雄识别　性成熟期10年以上。雄龟体型比雌龟小。雌龟腹甲平坦，尾短；雄龟腹甲中央凹陷，尾长且粗。

生活习性　生活于干燥、多岩石地域，以当地植物为食物，每次仅产1枚卵。卵长椭圆形，卵长径39毫米、短径22毫米。卵较大，几乎和自身的腹甲后半部一样大。

成龟　　Victor Loehr

头部　　Victor Loehr

成龟　　Victor Loehr

背部
Margaretha D. Hofmeyr

背部
Margaretha D. Hofmeyr

腹部
Margaretha D. Hofmeyr

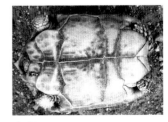

腹部
Margaretha D. Hofmeyr

腹部（左雄右雌）　　Victor Loehr

腹部　　Victor Loehr

斑 点 陆 龟

学　　名　*Chersobius signatus*（Gmelin，1789）

英 文 名　Speckled Tortoise

别　　名　斑点斗篷龟

分　　布　南非。

种名词源　*signatus* 源自拉丁语"signo"，即"标记"意思，指背甲和头顶部有斑点。

主要特征　本属中体型最小、也是陆龟类体型最小的陆龟，背甲长10厘米左右。背甲深褐色，有不规则黑色斑点；背甲顶部平坦，不呈圆拱形，背甲前缘和后缘呈锯齿状，通常只有11～12对缘盾。腹甲颜色多样化，通常为淡黄色。头部较小，顶部有小的鳞片，上喙钩形。前肢具5～6枚较大鳞片，前肢5爪、后肢4爪。股部结节发达。

雌雄识别　雌龟11～12年性成熟。雌龟体型比雄龟大，雌龟背甲长9厘米左右，雄龟6～8厘米。雌龟腹甲平坦，肛盾间夹角呈钝角，尾细且短；雄龟腹甲凹陷，肛盾间夹角呈锐角，尾粗且长。

生活习性　喜生活于热带和亚热带干旱、多岩石地域，环境温度20～30℃，活动频繁；环境温度10～15℃可冬眠。草食性，以各种植物为食物，如干草、车前草、蒲公英、莴苣等纤维丰富的植物。春季产卵，卵产于灌木下或岩石的缝隙处，每次产卵1枚，可分批产卵。卵重14.2克。孵化温度28～33℃，孵化期100天以上。

斑点陆龟

CITES公约：附录 II

幼龟　　Victor Loehr

幼龟　　Victor Loehr

幼龟　　Victor Loehr

| 2龄龟　Victor Loehr | 雄龟背部 | 成龟　Torsten Blanck | 背部　Victor Loehr | 交配　Victor Loehr |

| 稚龟腹部　Victor Loehr | 雄龟腹部 | 雌龟腹部　Victor Loehr | 背部　Victor Loehr | 产卵　Victor Loehr |

成龟　Victor Loehr

纳 马 陆 龟

学　　名　*Chersobius solus*（Branch，2007）

英 文 名　Nama Tortoise

别　　名　纳米比亚陆龟

分　　布　纳米比亚。

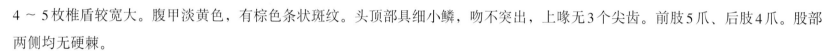
纳马陆龟

CITES公约：附录 II

种名词源　*solus* 源自拉丁语"solusi"，是"单独的、独居的"意思。

主要识别　纳马陆龟是纳米比亚特有种，背甲长15厘米。背甲棕褐色，盾片之间连接缝为栗色，第4～5枚椎盾较宽大。腹甲淡黄色，有棕色条状斑纹。头顶部具细小鳞，吻不突出，上喙无3个尖齿。前肢5爪、后肢4爪。股部两侧均无硬棘。

雌雄识别　雄龟体型小于雌龟。雄龟腹甲凹陷，尾粗短；雌龟腹甲平坦，尾细短。

生活习性　生活于干燥的岩石、沙石、沙质沙漠地区，以当地特有植物为食物。产卵1窝。

背部　　Margaretha D. Hofmeyr

背部　　Margaretha D. Hofmeyr

背部　　Victor Loehr

腹部　　Victor Loehr

腹部　　Margaretha D. Hofmeyr

稚龟　　Alfred Schleicher

七、圆筒陆龟属 *Cylindraspis* Fitzinger，1835

　　本属5种，是一群动作缓慢的巨大型陆龟，生活于印度洋的马斯克林群岛。科学家研究线粒体基因认为，圆筒陆龟属的成员都是一个物种的后代，这个物种是从马达加斯加漂洋过海来到毛里求斯，龟壳背甲形状分化为鞍背型和圆背型两大类型。5种圆筒陆龟于1735—1840年灭绝，最后一种龟于1840年去世。灭绝原因是狩猎和引入鼠、兔等动物，增加了动物之间的竞争，特别是鼠盗猎龟卵，降低了龟繁衍后代的成活率。

留岛圆筒陆龟

留岛圆筒陆龟　　Roger Bour

学　　　名　*Cylindraspis indica*（Schneider，1783）

英 文 名　Réunion Giant Tortoise

别　　　名　留尼汪岛巨龟

分　　　布　留尼汪岛。

种名词源　*indica* 源自英语"India"，泛指印度洋。

　　其　　　他　留岛圆筒陆龟颈部、四肢较长，背甲长110厘米左右，体重250千克。留岛圆筒陆龟是圆筒陆龟属中体型最大的一种，是留尼汪岛特有种。灭绝于1840年，模式标本保存于法国巴黎国家自然历史博物馆。

圆背圆筒陆龟

圆背圆筒陆龟　　Roger Bour

学　　　名　*Cylindraspis inepta*（Günther，1873）

英 文 名　Mauritius Giant Domed Tortoise

别　　　名　毛岛圆背陆龟

分　　　布　毛里求斯。

种名词源　*inepta* 是拉丁语，是"无能的、不适应的"意思，也有"进入海洋"之意。

　　其　　　他　圆背圆筒陆龟背甲长80厘米左右，体重200千克，背甲顶部圆拱。灭绝于1735年，标本保存于英国自然历史博物馆。

罗岛圆筒陆龟

罗岛圆筒陆龟　　Roger Bour

学　　　名　*Cylindraspis peltastes*（Duméril & Bibron，1835）

英　文　名　Rodrigues Domed Tortoise

别　　　名　罗岛圆背陆龟

分　　　布　毛里求斯的罗得里格斯岛。

种名词源　*peltastes* 源自希腊语 "peltaste"，指古希腊军队的轻步兵，他们手里拿着的盾牌似龟甲。

其　　　他　罗岛圆筒陆龟是罗得里格斯岛特有的陆龟。灭绝于1800年，标本保存于法国巴黎国家自然历史博物馆。

三齿圆筒陆龟

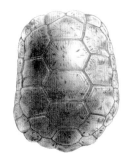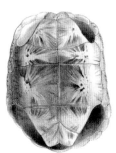

三齿圆筒陆龟　　Roger Bour

学　　　名　*Cylindraspis triserrata*（Günther，1873）

英　文　名　Mauritius Giant Flat-shelled Tortoise

别　　　名　毛岛平背巨龟

分　　　布　毛里求斯。

种名词源　*triserrata* 是 "tri" 和 "serrata" 合成，"tri" 是 "三" 之意，"serrata" 是 "锯齿的" 意思。指龟的头部下颌有3个锯齿。

其　　　他　三齿圆筒陆龟是毛里求斯特有种，龟灭绝于1735年，标本保存于英国自然历史博物馆。

鞍背圆筒陆龟

鞍背圆筒陆龟　　Roger Bour

学　　　名　*Cylindraspis vosmaeri*（Suckow，1798）

英　文　名　Rodrigues Giant Saddleback Tortoise

别　　　名　罗岛鞍背陆龟

分　　　布　毛里求斯的罗得里格斯岛。

种名词源　*vosmaeri* 源自 Arnout Vosmaer（1720—1799）姓氏，1756年，他是荷兰某省的省长，博物馆和动物园的策划者；线纹柔蜥（*Lygosoma vosmaeri*）的种名也取自其姓氏。

其　　　他　鞍背圆筒陆龟甲壳长方形，背甲中央不隆起，似马鞍形。灭绝于1800年，标本保存于法国巴黎国家自然历史博物馆。

八、土陆龟属 *Geochelone* Fitzinger，1835

　　本属2种，缅甸星龟（*Geochelone platynota*）、印度星龟（*Geochelone elegans*）。主要特征：背甲隆起，无颈盾，前后缘略呈锯齿状，背甲上有淡黄色放射状条纹；腹甲喉盾1对，腋盾和胯盾各1对。分布于亚洲。

土陆龟属 *Geochelone* 的种类检索

1a　腹甲上无放射状条纹，有黑色斑块⋯⋯⋯⋯⋯⋯⋯⋯⋯⋯⋯⋯⋯⋯⋯⋯⋯⋯⋯⋯⋯⋯⋯⋯⋯⋯⋯⋯ 缅甸星龟*Geochelone platynota*

1b　腹甲上有黑色放射状条纹 ⋯⋯⋯⋯⋯⋯⋯⋯⋯⋯⋯⋯⋯⋯⋯⋯⋯⋯⋯⋯⋯⋯⋯⋯⋯⋯⋯⋯⋯⋯⋯ 印度星龟*Geochelone elegans*

缅甸星龟背部　　赵蕙

缅甸星龟腹部

印度星龟背部　　William Ho

印度星龟腹部　　周峰婷

印 度 星 龟

学　　名	*Geochelone elegans*（Schoepff，1795）
英 文 名	Indian Star Tortoise
别　　名	星龟
分　　布	斯里兰卡、印度、巴基斯坦。
种名词源	*elegans* 是拉丁语，是"秀丽的、文雅的"之意。

印度星龟

CITES公约：附录 I

主要特征　背甲长28厘米左右。背甲长椭圆形，每块盾片上均有淡黄色放射状条纹（因分布不同，花斑形状和颜色有差异），似星星状，顶部隆起，无颈盾，背甲前后边缘呈锯齿状；椎盾上放射纹超过6条。腹甲深棕色，具淡黄色放射状条纹，喉盾1对，不向前突出。头部黄色与黑色镶嵌，上喙呈钩形。四肢具不规则大鳞片。尾部短，尾末端无大鳞片。

雌雄识别　性成熟期5年左右。雌龟背甲长15厘米左右，体重800克已成熟；雄龟背甲长10厘米，体重350克已可交配。雌龟体型比雄龟大，雄龟体型细长，尾长且粗；雌龟体型宽短，尾细短。

生活习性　常生活于灌木丛林、树林、草地等略湿润的环境。喜暖怕寒，适宜环境温度24～32℃。人工饲养条件下，食植物茎叶、瓜果和菜叶，如苹果、甘薯叶等。6月中旬至10月中旬交配，每年产卵2～4窝，每窝卵2～10枚。卵短椭圆形，接近圆形，白色，硬壳。卵长径38～52毫米、短径27～39毫米。孵化期70～147天。稚龟背甲斑纹与成体斑纹差异较大。

一群龟　　Ralph Hoekstra

成龟背部

亚成体

一群龟　　William Ho

成龟腹部（左雄右雌）

雄龟腹部

幼龟背部　周峰婷

幼龟腹部　周峰婷

幼龟　Shutterstock.com

6月龄幼龟背部

幼龟背部

幼龟

稚龟　William Ho

6月龄幼龟腹部

幼龟腹部

幼龟

出壳30天左右的幼龟

缅 甸 星 龟

缅甸星龟

CITES公约：附录 I

学　　名　*Geochelone platynota*（Blyth，1863）

英 文 名　Burmese Star Tortoise

别　　名　星龟、缅星

分　　布　缅甸。

种名词源　*platynota* 是英语 "flat back" 之意，即 "背平" 的意思，指龟背甲顶部平坦。

主要特征　背甲长 25 ～ 30 厘米。背甲椭圆形，无颈盾，前后缘略呈锯齿状，肋盾有淡黄色和放射状条纹，椎盾中央有六边形黄色斑块，六边形的六个角向外延伸，呈条状，放射状纹路 4 ～ 6 条，斑纹左右对称。腹甲后缘缺刻较深，淡黄色，有对称大块褐色斑块。头颈呈黄色，头顶具鳞，无黑斑。四肢前部覆盖大鳞片。尾末端有角质尾爪。

雌雄识别　性成熟期 5 年以上。雄龟体型比雌龟大，雄龟尾长且粗，雌龟尾细短。

生活习性　栖息于灌木丛中，喜湿润，以草食性为主。人工饲养条件下，喜食青草、仙人掌、番茄等各种瓜果蔬菜和多肉型植物。繁殖季节为 9 月至翌年 3 月，每年产卵 1 ～ 3 窝，每窝卵 4 ～ 10 枚。卵短椭圆形，卵长径 55 毫米、短径 40 毫米。孵化温度 23.8 ～ 31.6℃，孵化期 90 ～ 120 天。

成龟背部　　侯勉

亚成体背部　　赵蕙

成龟背部

成龟腹部　　侯勉

亚成体腹部　　赵蕙

成龟腹部

成龟背部　周峰婷

成龟背部（左雄右雌）

成龟背部（左雄右雌）

成龟腹部　周峰婷

成龟腹部（左雌右雄）

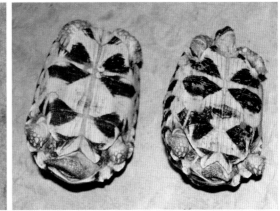

成龟腹部（左雄右雌）

产卵　William Ho

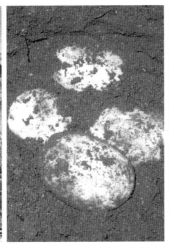

龟卵　William Ho

亚成体

亚成体

交配　**Rick Hudson**

幼龟

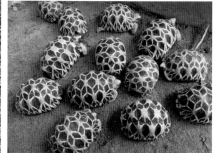

幼龟

2月龄龟　壹图

幼龟腹部

幼龟腹部

稚龟

九、穴陆龟属 *Gopherus* Rafinesque，1832

本属现存6种。其中，莫氏穴陆龟和古德穴陆龟分别是2011年和2016年命名的新种。穴陆龟属成员背甲似长方形，背甲顶部扁平，缺少颈盾，缘盾11对；腹甲上的喉盾向前突出；前肢扁平，似铲，后肢圆柱状，尾末端无尾爪。

穴陆龟属 *Gopherus* 的种类名录

序号	中文名	学　名	序号	中文名	学　名
1	阿氏穴陆龟	*Gopherus agassizii*	4	黄缘穴陆龟	*Gopherus flavomarginatus*
2	布氏穴陆龟	*Gopherus berlandieri*	5	莫氏穴陆龟	*Gopherus morafkai*
3	古德穴陆龟	*Gopherus evgoodei*	6	佛州穴陆龟	*Gopherus polyphemus*

穴陆龟属 *Gopherus* 的种类检索

1a　前肢第一爪根部至第四爪根部距离与后肢第一爪根部至第四爪根部距离几乎相等 ………………………………… 2

1b　前肢第一爪根部至第三爪根部距离与后肢第一爪根部至第四爪根部距离几乎相等 ………………………………… 5

2a　从上往下看，吻部楔状，喉盾前缘分叉，每侧甲桥腋盾2枚 ………………………… 布氏穴陆龟 *Gopherus berlandieri*

2b　从上往下看，吻部圆形，喉盾前缘不分叉，每侧甲桥腋盾1枚 ……………………………………………………… 3

3a　背甲顶部平坦，后肢脚掌圆形，尾部短，肱骨关节有硬棘 ……………………………… 古德穴陆龟 *Gopherus evgoodei*

3b　背甲顶部圆拱 …… 4

4a　甲壳较窄，背甲梨形，喉盾较短 ………………………………………………………… 莫氏穴陆龟 *Gopherus morafkai*

4b　甲壳略宽，喉盾向前延伸，超过背甲前缘 ……………………………………………… 阿氏穴陆龟 *Gopherus agassizii*

5a　虹膜黑色 …………………………………………………………………………………… 佛州穴陆龟 *Gopherus polyphemus*

5b　虹膜黄褐色 …………………………………………………………………… 黄缘穴陆龟 *Gopherus flavomarginatus*

阿 氏 穴 陆 龟

学　　名　*Gopherus agassizii*（Cooper，1863）

英 文 名　Desert Tortoise

别　　名　沙漠穴陆龟、沙漠地鼠龟

分　　布　美国西南部。

阿氏穴陆龟

CITES公约：附录 II

种名词源　*agassizii* 取自 Jean Louis Rudolphe Agassiz（1807—1873）姓氏，他是瑞士裔美国的地理学家和动物学家，布氏穴陆龟由他命名。

主要特征　穴陆龟属中体型较大的一种。雄龟背甲长38.1厘米，雌龟背甲长28.7厘米。背甲较宽。喉盾前缘未分叉，较长，超过背甲前缘，仅有1枚腋盾。头部略圆，吻部不突出，上喙略呈钩形。前肢扁平，比后肢长；前肢第一爪根部至第四爪根部距离约等于后肢第一爪根部到第四爪根部距离。

雌雄识别　性成熟期15～20年。雄龟体型大于雌龟。雄龟腹甲凹陷，尾长；雌龟腹甲平坦，尾短。

生活习性　栖息于有沙或碎石块环境，喜在岩石山坡、干涸河床的两侧挖洞穴。9—11月开始冬眠，12月至翌年4月逐渐苏醒。草食性，以青草、花和仙人掌为食。4月中旬至8月产卵，每年可产卵2～3窝。每窝卵1～15枚，通常4～7枚。卵椭圆形，接近圆形，卵长径41.6～48.7毫米、短径36.7～39.6毫米，卵重33～44克。孵化温度31℃，孵化期约78天；孵化温度27℃，孵化期约103天。稚龟背甲长36～49毫米。

成龟　　Ron de Bruin

头部　　古河祥

头部　　壹图

成龟　　古河祥

成龟　Shutterstock.com

雄龟　古河祥

雌龟　古河祥

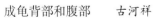

成龟背部和腹部　古河祥

成龟和幼龟　古河祥

布 氏 穴 陆 龟

学　　名　*Gopherus berlandieri*（Agassiz，1857）

英 文 名　Texas Tortoise

别　　名　德州地鼠龟、德州穴陆龟

分　　布　美国的得克萨斯州、墨西哥。

种名词源　*berlandieri* 取自 Jean Louis Berlandier（1805—1851）姓氏，他是比利时植物学家。

主要特征　穴陆龟属中体型最小的一种，背甲长20 ～ 22厘米。背甲顶部圆。腹甲喉盾前缘分叉，腋盾2
枚。吻部楔状，上喙略钩状。前肢第一爪根部到第四爪根部距离等于后肢第一爪根部到第四爪根部距离，前腿似铲，后腿粗大。

雌雄识别　性成熟期大约10年。雄龟体型较窄长，腹甲喉盾较长，腹甲凹陷，尾长；雌龟腹甲平坦，尾短。

生活习性　生活于湿润的灌木林和亚热带区灌木林附近的沙漠地域，更喜开阔的灌木丛。环境温度低于20℃时进入冬眠，
杂食性，以仙人掌、草等植物为主，也捕食蜗牛、小昆虫等。交配季节6—9月，每年产卵2 ～ 3窝，间隔17 ～ 25天产1窝，每
窝卵2 ～ 5枚。卵长椭圆形，卵长径40 ～ 50毫米、短径29 ～ 34毫米。孵化期88 ～ 118余天。稚龟背甲长30 ～ 40毫米。

布氏穴陆龟

CITES公约：附录 Ⅱ

成龟　　壹图

成龟　　壹图

头部　　壹图

成龟 壹图

成龟 古河祥

幼龟 Gerry Salmon

一群幼龟 Petr Petras

幼龟 Petr Petras

古 德 穴 陆 龟

学　　名　*Gopherus evgoodei* Edwards，Karl，Vaughn，Rosen，Meléndez Torres & Murphy，2016

英 文 名　Goode's Thornscrub Tortoise

分　　布　墨西哥。

种名词源　*evgoodei* 由 Eric V. Goode 姓名中字母"E"、姓氏"V"和"Goode"组合而成。他是龟保护协会（Turtle Conservancy）的创始人，为保护墨西哥的穴陆龟做出了重要贡献。

主要特征　背甲长20厘米以上。背甲顶部平坦。喉盾前缘未分叉，腋盾1枚。头部吻部圆形。前肢的鳞片明显凸起且尖，后肢肱骨关节有硬棘，后肢的脚掌腹部圆形，前肢第一爪根部至第四爪根部距离与后肢第一爪根部至第四爪根部距离大约相等。尾部短。

雌雄识别　雌龟成熟期大约15年以上。雄龟腹甲喉盾大，腹甲中央凹陷，尾粗且长；雌龟腹甲平坦，尾细短。

生活习性　栖息于荆棘林和热带落叶林，有卵石、岩石和山麓荆棘的地域。草食性，食仙人掌、干草等。陆龟活动与季风降雨和植被生长相对应，能在极端的沙漠环境中生存。喜在岩石下挖掘洞穴，或改造原来旧的洞穴用于躲藏。

模式标本R64160侧部　　Robert W. Murphy

模式标本R64160背部　　Robert W. Murphy

模式标本R64160腹部　　Robert W. Murphy

头部　　James Liu

亚成体　　Taylor Edwards

亚成体　　Taylor Edwards

成龟腹部　　Peter Praschag

成龟背部　　Peter Praschag

成龟侧部　　James Liu

黄 缘 穴 陆 龟

<table>
<tr><td>学　　名</td><td>*Gopherus flavomarginatus* Legler，1959</td></tr>
<tr><td>英 文 名</td><td>Bolson Tortoise</td></tr>
<tr><td>别　　名</td><td>黄缘地鼠龟、黄缘沙龟</td></tr>
<tr><td>分　　布</td><td>墨西哥。</td></tr>
</table>

黄缘穴陆龟

CITES公约：附录 I

种名词源 *flavomarginatus*源自拉丁语"flavus"和"margo"的组合，即"黄色的边缘"意思，指龟背甲的缘盾腹部为黄色。

主要特征 穴陆龟属成员中体型最大的种类，背甲长46厘米。背甲窄长，顶部平坦。背甲缘盾颜色比背甲其他区域淡，背甲缘盾腹部淡黄色。腹甲宽大，喉盾厚实，向上翘。头部较宽，头部比其他穴陆龟属的种类圆，眼睛虹膜黄褐色。前肢第一爪根部至第三爪根部的距离与后肢第一爪根部至第四爪根部距离大致相等。

雌雄识别 性成熟期15～20年。性成熟个体背甲长30厘米以上。雄龟体型比雌龟小，腹甲凹陷明显，尾长；雌龟腹甲平坦，尾短。

生活习性 生活于低湿度、降雨少的植物、灌木混合的草原和沙漠区域，环境温度变化大。春季和秋季活动频繁，在炎热夏季或寒冷冬季，龟躲藏在洞穴中避暑或避寒。喜群居，洞穴长10米、深达2米。草食性，喜食各种植物，以草、树叶为主。4—6月交配，4—9月产卵，每年产卵1～2窝。人工饲养条件下，可产卵3窝，每窝卵5～6枚。孵化期90～120天。稚龟背甲长40～60毫米。

成龟　　Heriberto Ávila González

头部　　Heriberto Ávila González

腹部　James Liu

腹部　James Liu

幼龟　James Liu

幼龟　James Liu

幼龟　James Liu

莫 氏 穴 陆 龟

莫氏穴陆龟

CITES公约：附录 II

学　　名	*Gopherus morafkai* Murphy，Berry，Edwards，Leviton，Lathrop & Riedle，2011
英 文 名	Sonoran Desert Tortoise
别　　名	索诺兰陆龟
分　　布	美国、墨西哥。

种名词源　*morafkai* 来自美国加州州立大学多明戈斯山分校（California State University，Dominguez Hills）已故 David Joseph Morafka 教授的姓氏，以表彰他在穴陆龟属物种的生物学和保护方面做出的许多贡献。

主要特征　背甲长36厘米。背甲较窄，呈梨形，缘盾11对，上臀盾1枚。腹甲喉盾前缘不分叉。胸盾沟短，腋盾1枚。头的吻部圆形。前肢第一爪根部到第四爪根部的距离与后肢第一爪根部到第四爪根部的距离相等，前肢腹部有突起鳞片。

雌雄识别　15～20年性成熟，雌龟背甲长22厘米性已成熟。雄龟体型比雌龟略大，喉盾比雌龟长且尖，腹甲中央凹陷。在繁殖季节，雄龟下巴有2个白色的下巴腺体。

生活习性　生活于多岩石和多石块的山坡，擅长挖洞穴，在洞穴中忍受饥渴和炎热高温。大部分时间龟停留在洞穴、岩石洞穴等岩体中，躲避炎热和严寒。春季（3—5月）和夏季（7—9月）是活动期，交配和繁殖在7—9月。每1～2年产卵1窝，每窝卵4～8枚。卵圆形，硬壳，孵化期90～135天。有些龟卵可以越冬，翌年春季出壳。孵化温度27～31℃，孵化率83%；孵化温度31℃，龟苗以雄龟居多。

模式标本CAS33867头部
（引自Murphy等，2011）

模式标本CAS33867背部
（引自Murphy等，2011）

模式标本CAS33867腹部
（引自Murphy等，2011）

成龟　　Torsten Blanck

成龟　　Torsten Blanck

成龟　　Torsten Blanck

幼龟　　Shutterstock.com

幼龟　　Shutterstock.com

幼龟　　Shutterstock.com

佛 州 穴 陆 龟

学　　名　*Gopherus polyphemus*（Daudin，1801）

英 文 名　Gopher Tortoise

别　　名　佛州沙陆龟

分　　布　美国。

佛州穴陆龟

CITES公约：附录Ⅱ

种名词源　*polyphemus* 是希腊罗马神话中洞穴巨人的名称，他们栖息于洞穴，与佛州穴陆龟的习性相似，故名。

主要特征　背甲长38.7厘米。背甲后缘略呈锯齿状。腹甲长，喉盾前缘突出，且朝上弯曲，每侧甲桥腋盾1枚。头部较大且圆。后肢较小，前肢第一爪根部到第三爪根部的距离与后肢第一爪根部到第四爪根部的距离大约相等。

雌雄识别　性成熟期9～21年。雌龟背甲长22厘米以上已成熟产卵。雄龟体型比雌龟大，喉盾较长，腹甲凹陷；雌龟喉盾较短，腹甲平坦。

生活习性　生活于阔叶林地和草原之间的沙质土壤区域。杂食性，食各种植物茎叶，仙人掌，蛇、昆虫和动物尸体。交配期4—9月，不同地域交配期有差异。产卵期5月中旬至7月，每窝卵5～9枚。卵白色，圆球形，直径42毫米左右，卵重33克左右。孵化期52～110天。稚龟背甲长40～50毫米。

成龟　Job Stumpel

幼龟　Shutterstock. com

成龟　Petr Petras

头部　Petr Petras

雄龟背部　　Gerry Salmon

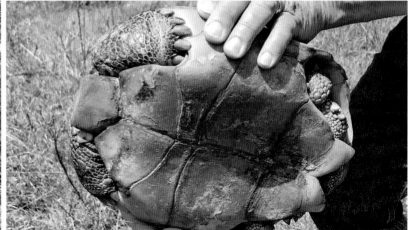

雄龟腹部　　Gerry Salmon

雌龟背部　　Petr Petras

雌龟腹部　　Petr Petras

成龟腹部（左雌右雄）　　John Iverson

雄龟腹部　　Petr Petras

幼龟头部　Gerry Salmon

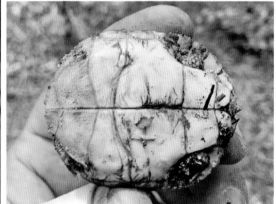

幼龟　John Iverson

幼龟腹部　Gerry Salmon

幼龟背部　John Iverson

幼龟背部　Gerry Salmon

十、珍陆龟属 *Homopus* Duméril & Bibron，1834

本属2种，即鹰嘴陆龟（*Homopus areolatus*）、大鹰嘴陆龟（*Homopus femoralis*）。背甲长9～15厘米，是生活于南非的小型陆龟。主要特征：背甲顶部较平，第四枚椎盾与第五枚椎盾连接处较窄，缘盾11枚或更少；腹甲后缘缺刻；上喙钩状；前肢和后肢均具4爪，具2枚或多枚胯盾，产卵2枚或更多。分布于非洲南部的湿润海岸地区，栖息于岩石沙漠地域。

珍陆龟属 *Homopus* 的种类检索

1a　上喙略呈钩形，鼻孔上方无鳞片，背甲后部边缘略呈锯齿状……………………………………………………… 鹰嘴陆龟 *Homopus areolatus*

1b　上喙钩形明显，鼻孔上方有鳞片，背甲后部边缘呈锯齿状 ………………………………………………………… 大鹰嘴陆龟 *Homopus femoralis*

大鹰嘴陆龟　　Victor Loehr

鹰嘴陆龟　　Christoph Fritz

鹰 嘴 陆 龟

学　　名　*Homopus areolatus*（Thunberg，1787）

英 文 名　Parrot-beaked Tortoise

别　　名　鹦嘴陆龟

分　　布　南非。

鹰嘴陆龟

CITES公约：附录 II

种名词源　*areolatus* 是英语"areolae"之意，即"乳晕"意思，指龟背甲盾片（除缘盾外）中央有似乳晕状深色斑纹。

主要特征　背甲高拱，但顶部较平坦，背甲棕黄色，边缘呈橘红色，每块盾片中央有绛红色似乳晕状斑纹，每块盾片之间的连接缝为黑色。腹甲淡黄色或灰白色。头部黄色，前部为橘红色，上喙钩形。四肢黄色，前、后肢均4爪。股部没有硬棘；尾短。

雌雄识别　繁殖季节，雄龟鼻孔上方鼻尖部位呈淡粉红色，尾粗且长；雌龟尾细且短。雌雄龟的腹甲均平坦。

生活习性　生活于海岸和山谷地区的干燥地带，草食性，以草、仙人掌等耐旱植物为主要食物。每窝卵2～4枚，卵椭圆形，卵长径28～30毫米、短径22.5～23毫米，卵重9～11克。孵化温度29～30℃，孵化期106～134天。稚龟重6克。

背部　Christoph Fritz

背部　Christoph Fritz

腹部　Christoph Fritz

腹部　Christoph Fritz

稚龟　Victor Loehr

大 鹰 嘴 陆 龟

学　　名　*Homopus femoralis* Boulenger，1888

英 文 名　Greater Dwarf Tortoise

别　　名　刺股陆龟

分　　布　南非。

种名词源　*femoralis* 源自拉丁语 "femur"，即 "股" 意思，指龟股部有硬棘的特征。

主要特征　珍陆龟属中体型最大的一种。背甲长16厘米，体重600克左右。背甲顶部略平，缘盾后部边缘呈锯齿状，有2枚或更多的胯盾。腹甲淡黄色，有棕色条状斑纹。头部的上喙钩形明显，鼻部有小的鳞片覆盖。前、后肢均4爪。

雌雄识别　雄龟腹甲不凹陷，尾长且粗，12龄的成龟雄龟重511克。 雌龟腹甲平坦，尾短。

生活习性　喜天气温暖时爬行活动觅食，傍晚或天气凉爽时，躲入低矮灌木或岩石洞穴缝隙中。草食性，捕食草及多肉植物。人工饲养条件下，可投喂仙人掌、黄瓜、苜蓿、蒲公英、车前草、三叶草、莴苣。2—9月交配，每窝卵2枚。

大鹰嘴陆龟

CITES公约：附录 II

幼龟　　Victor Loehr

头部　Victor Loehr

稚龟　Victor Loehr

产卵　Victor Loehr

背部　Margaretha D. Hofmeyr

背部　Margaretha D. Hofmeyr

腹部　Victor Loehr

腹部　Victor Loehr

十一、印支陆龟属 *Indotestudo* Lindholm，1929

本属3种，即缅甸陆龟（*Indotestudo elongata*）、印度陆龟（*Indotestudo forstenii*）、特拉凡柯陆龟（*Indotestudo travancorica*）。主要特征：头顶前额鳞1对，背甲隆起，顶部平坦，臀盾单枚，向内包裹，背甲后缘略呈锯齿状；腹甲前缘厚实，腹甲后缘缺刻深；尾末端具大角质状尾爪。分布于亚洲。

印支陆龟属 *Indotestudo* 的种类检索

1a 有颈盾，长且窄，颈盾两侧边平行 ·· 缅甸陆龟 *Indotestudo elongata*

1b 无颈盾，如有颈盾，颈盾非常短，通常呈楔形，颈盾后部变宽，肱盾沟长度通常比胸盾沟长度长（通常长很多）············· 2

2a 无颈盾，肱盾沟长度通常是胸盾沟长度的1～1.4倍。背甲黑色斑纹不明显，腹甲有明显黑斑，头顶部呈淡黄色或接近白色，无黑斑纹 ········ ·· 特拉凡柯陆龟 *Indotestudo travancorica*

2b 有颈盾出现，或无颈盾，肱盾沟长度是胸盾沟长度的1.63～2.73倍，背甲淡黄色，黑色斑纹明显，背甲上所有盾片、腹甲上的胸盾和腹盾宽而大，头顶部常有黑色小斑点和斑纹·· 印度陆龟 *Indotestudo forstenii*

缅甸陆龟腹部　　周峰婷　　　　　　　　印度陆龟腹部　　　　　　　　　特拉凡柯陆龟腹部　　V. Deepak

缅 甸 陆 龟

学　　名　*Indotestudo elongata*（Blyth，1854）

英 文 名　Elongated Tortoise

别　　名　黄头象龟、红鼻象龟、长背陆龟、菠萝龟

分　　布　缅甸、老挝、马来西亚、越南、泰国、印度、尼泊尔、巴基斯坦、柬埔寨、中国广西。

种名词源　*elongata*是拉丁语"e"和"longus"组合，是英语"elong"之意，即"伸长的、拉长的"意思，指龟的背甲延长或修长的特征。

主要特征　背甲长25～33厘米。背甲淡黄色带有黑色杂斑纹，颈盾单枚，窄长。腹甲黄色带有黑色杂斑纹。头部黄色，上喙钩形。四肢黄色，具大块鳞片，前肢5爪、后肢4爪。尾短。

雌雄识别　性成熟期6年以上。雄龟腹甲凹陷，年老者凹陷程度大，尾粗且长；雌龟腹甲平坦，尾短且细。

生活习性　栖息于山地、丘陵及灌木丛林，喜温暖湿润的环境。草食性，以花、草、野果和真菌为主，也食鼻涕虫等小动物。人工饲养条件下，喜食瓜果、蔬菜、瘦肉及猪肝等。每年5月开始交配，6—7月、9月及11月产卵，每窝卵2～4枚，卵重35.6～38.1克。孵化温度28.8℃，孵化期100～120天。

缅甸陆龟

CITES公约：附录Ⅱ

成龟　　周峰婷

头部

繁殖季节，雄龟鼻孔呈淡粉色

成龟背部

成龟

成龟背部　　Flora Ihlow

成龟腹部

成龟腹部（左雄右雌）

成龟腹部　　Flora Ihlow

老年个体背部

老年个体腹部

龟卵椭圆形

幼龟　周峰婷

出壳60天左右的幼龟

成龟背部

幼龟背部

幼龟背部

幼龟背部

成龟腹部

幼龟腹部

幼龟腹部

幼龟腹部

幼龟背部

幼龟腹部　　俞强

白化龟腹部　　胡子威

白化龟背部　　胡子威

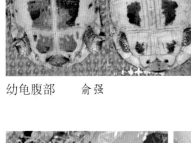

幼龟背部

白化龟背部

幼龟腹部

白化龟腹部

白化龟头部　　胡子威

印 度 陆 龟

学　　名　*Indotestudo forstenii*（Schlegel & Müller，1845）

英 文 名　Forsten's Tortoise

别　　名　印尼陆龟、西里贝斯陆龟、森林陆龟

分　　布　印度尼西亚。早期资料显示，印度陆龟分布于印度和印度尼西亚。现经证实，仅分布于印度尼西亚。

种名词源　*forstenii* 源自荷兰植物学家Eltio Alegondas Forsten（1811—1843）的姓氏。

主要特征　印度陆龟的外形与缅甸陆龟非常相似，明显的区别是：通常印度陆龟无颈盾，腹甲的肱盾沟长度较长，头顶部常有小黑斑。

雌雄识别　雄龟体型较长，腹甲凹陷，尾粗且长；雌龟体型较圆，腹甲平坦，尾细小。

生活习性　生活于印度尼西亚群岛湿润的热带森林，喜暖怕寒怕旱。以草食性为主，也食肉类。人工饲养条件下，食黄瓜、香蕉、西红柿、苹果、白菜叶、西瓜等瓜果蔬菜，也食瘦猪肉、猪肝、鸭肝。繁殖季节11月至翌年3月，每次产卵5 ～ 9枚。卵椭圆形，卵长径52.2毫米、短径35.9毫米，卵重31 ～ 46克。孵化温度28 ～ 30℃，孵化期96 ～ 140天。稚龟背甲长43.6 ～ 48.2毫米，体重26 ～ 31克。

一群印度陆龟　　Cris Hagen

成龟　Shutterstock. com

交配　Shutterstock. com

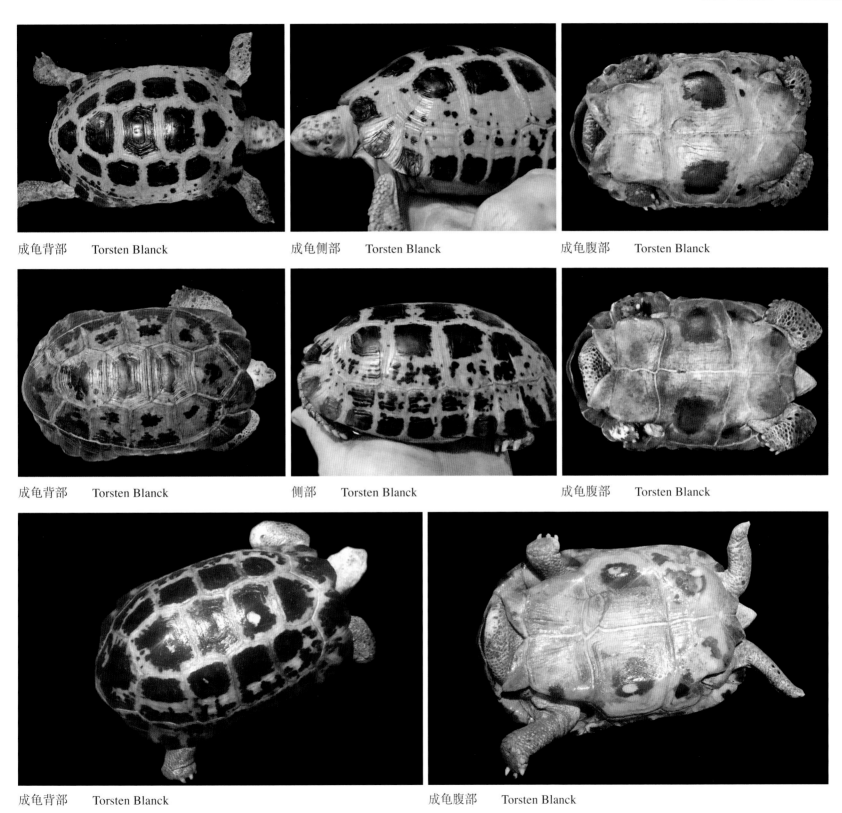

成龟背部　　Torsten Blanck

成龟侧部　　Torsten Blanck

成龟腹部　　Torsten Blanck

成龟背部　　Torsten Blanck

侧部　　Torsten Blanck

成龟腹部　　Torsten Blanck

成龟背部　　Torsten Blanck

成龟腹部　　Torsten Blanck

幼龟　Peter Praschag

幼龟　王生

稚龟　Rick Hudson

成龟　古河祥

成龟腹部（左雄右雌）　古河祥

雄龟腹部　古河祥

特拉凡柯陆龟

<table>
<tr><td>学　　名</td><td>*Indotestudo travancorica*（Boulenger，1907）</td></tr>
<tr><td>英 文 名</td><td>Travancore Tortoise</td></tr>
<tr><td>别　　名</td><td>特拉凡科陆龟、查文科陆龟</td></tr>
<tr><td>分　　布</td><td>印度。</td></tr>
<tr><td>种名词源</td><td>*travancorica* 源自印度西南部的 Travancore 地名。</td></tr>
</table>

特拉凡柯陆龟

CITES公约：附录 II

主要特征　背甲长 25 ～ 33 厘米，体重 3.6 ～ 4.8 千克。背甲长椭圆形，无颈盾。腹甲有明显黑斑，腹甲的肱盾沟长度是胸盾沟长度的 1 ～ 1.4 倍。头顶部呈淡黄色或接近白色，没有黑斑纹；眼眶和眼窝周围有浅红色或黄褐色，眼睛虹膜深棕色；上喙中央有 3 枚钩状齿，边缘有细小锯齿。尾端有尾爪。

雌雄识别　背甲长 19.2 ～ 29.0 厘米已成熟。雄龟体型大于雌龟，雄龟尾长，有尾麟，尾爪钩状，繁殖季节，鼻部、眼睛周围粉红色，腹甲凹陷；雌龟腹甲平坦。

生活习性　栖息热带森林、湿润常绿林、落叶林。杂食性，食草、果实、蠕虫、瓜果等。人工饲养条件下，番茄、胡萝卜、南瓜、牛肉均食。适宜温度 19 ～ 27℃。在印度，9—12 月至翌年 1—3 月为产卵期，每窝卵 1 ～ 6 枚。卵白色，硬壳，短椭圆形，卵长径 42 ～ 84 毫米、短径 33 ～ 67.3 毫米，卵重 33 ～ 59 克。

成龟　Cris Hagen

交配　Nikhil Whitake

头部　V. Deepak

1龄幼龟　V. Deepak

幼龟　Nikhil Whitaker

幼龟　Nikhil Whitaker

4月龄龟背部　Nikhil Whitaker

4月龄龟腹部　Nikhil Whitaker

十二、铰陆龟属 *Kinixys* Bell，1827

本属8种。其背甲后部韧带结构，使其成为陆龟类独一无二的类群。主要特征：背甲第七枚和第八枚缘盾之间有韧带（幼体无韧带，韧带需4～6年才发育，随年龄增加不断发育，亚成体和成体韧带发达）。韧带结构使背甲后部可张开或关闭，保护后肢和尾。腹甲无韧带结构；上喙单枚钩状或3枚尖齿。分布于非洲的撒哈拉沙漠以南大部分地区。栖息地分为热带雨林型和热带草原型两种，非洲铰陆龟和荷氏铰陆龟为热带雨林型；其他为热带草原型。热带雨林型铰陆龟的背甲后部缘盾向外扩展似荷叶，或呈扇贝状；热带草原型铰陆龟的背甲后部缘盾不向外扩展或扩大。

8种铰陆龟的主要特征

序号	中文名 学名	背甲直线长度 （最大值）	背 甲	腹 甲	韧 带	上 喙	腋 盾	胯盾	前爪： 后爪
1	非洲铰陆龟 *Kinixys erosa*	雄性：323毫米 雌性：260毫米	顶部平，第5枚椎盾倾斜度大于90°，后部缘盾呈锯齿状	喉盾厚，无缺口，喉盾前边缘超过背甲前边缘	发达	单枚钩状，边缘无锯齿	3～4枚	1枚	5：4
2	贝氏铰陆龟 *Kinixys belliana*	190～220毫米	顶部略圆，第5枚椎盾呈圆弧形倾斜，后部缘盾，不呈锯齿状	喉盾突出，略有缺口，喉盾前边缘超过背甲前边缘	发达	单枚钩状，边缘无锯齿	2～4枚	1枚	5：4
3	荷氏铰陆龟 *Kinixys homeana*	雄性：211毫米 雌性：223毫米	顶部平，第5枚椎盾呈90°倾斜，后部缘盾呈锯齿状	喉盾厚，有缺口，喉盾前边缘超过背甲前部边缘	发达	单枚钩状，边缘无锯齿	2～4枚	1枚	5：4
4	窄背铰陆龟 *Kinixys lobatsiana*	雄性：162毫米 雌性：167毫米	背甲顶部略凸起，后部缘盾略呈锯齿状	喉盾前缘平切，超过背甲前边缘	发达	单枚钩状，钩状不明显，边缘无锯齿	2～3枚	1枚	5：4
5	垒包铰陆龟 *Kinixys natalensis*	雄性：125毫米 雌性：155毫米	顶部平，后部缘盾略呈锯齿状	喉盾前边缘略超过背甲前部边缘。	不发达	有3个钩状尖齿	3枚	1枚	5：4
6	西非铰陆龟 *Kinixys nogueyi*	成体20～30毫米	顶部圆，第5枚椎盾呈圆弧形倾斜	喉盾前缘无缺口，接近圆形，喉盾前边缘超过背甲前缘	发达	单枚钩状，眼睛前方的喙边缘呈细小锯齿状	1枚	1枚	4：4
7	斑纹铰陆龟 *Kinixys spekii*	雄性：181毫米 雌性：200毫米	背甲顶部平，盾片不凸起，盾片有同心圆纹	喉盾前缘厚，略缺口，喉盾前边缘超过背甲前缘	发达	单枚钩状，钩状不明显	1枚	1枚	5：4
8	南非铰陆龟指名亚种 *Kinixys zombensis zombensis*	雄性：206毫米 雌性：217毫米	头顶部额鳞完整，背甲顶部圆隆	喉盾前缘略缺口，喉盾前边缘超过背甲前边缘	发达	单枚钩状，边缘无锯齿。	2枚	1枚	5：4
	南非铰陆龟马岛亚种 *Kinixys zombensis domerguei*	雄性：194毫米 雌性：196毫米	顶部额鳞不完整，额鳞的宽度小于前额鳞的宽度，背甲顶部略平	喉盾前缘略缺口，喉盾前边缘超过背甲前边缘	发达	单枚钩状，边缘无锯齿	2枚	1枚	5：4

贝氏铰陆龟

学　　名　*Kinixys belliana* Gray，1830

英 文 名　Bell's Hinge-back Tortoise

别　　名　钟纹折背陆龟、折背龟

分　　布　乌干达、坦桑尼亚、安哥拉、布隆迪、刚果、埃塞俄比亚、肯利亚、卢旺达、索马里、苏丹、南苏丹。

贝氏铰陆龟

CITES公约：附录 II

种名词源　*belliana* 源自Thomas Bell（1792—1880）的姓氏，他是英国博物学家，一些蜥蜴和贝氏癞颈龟（*Myuchelys bellii*）的种名均取自其姓氏。

主要特征　背甲长23厘米左右。背甲呈棕黄色，盾片间连接缝有黑色放射状斑纹；背甲呈长椭圆形，盾片凸起，背甲顶部圆，接近半圆形，臀盾1枚。腹甲淡黄色带有一些黑色杂斑，较短，有2～4枚小的腋盾和1枚大的胯盾。头部淡黄色，上喙有单枚钩状。四肢黄色带有黑色杂斑，前肢5爪、后肢4爪。

生活习性　栖息于热带稀树草原的沙地、干燥低矮的灌木地带。喜凉爽，雨季可漂浮水面移动；干燥季节夏眠。杂食性，以草食性为主，食果实、植物茎叶、蜗牛和节肢动物。5月产卵1次，每窝卵2～7枚。卵白色，椭圆形，卵长径42毫米左右、短径30毫米左右。孵化期长达1年。

成龟　　Shutterstock.com

成龟　　壹图

成龟背部　　Victor Loehr

成龟腹部　　周峰婷

亚成体背部

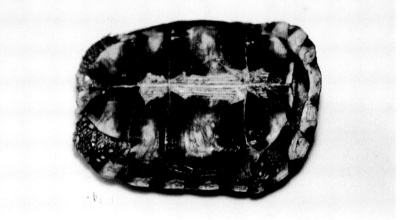

成龟腹部

亚成体背部

亚成体腹部

非 洲 铰 陆 龟

非洲铰陆龟

学　　名　*Kinixys erosa*（Schweigger，1812）

英 文 名　Forest Hinge-back Tortoise

别　　名　非洲折背陆龟、锯齿折背龟

分　　布　安哥拉、几内亚、喀麦隆、加蓬、加纳、多哥、乌干达、尼日利亚、塞拉利昂、赤道几内亚等。

种名词源　*erosa* 是英语"erode、gnawed off"之意，即"被啃咬的、遭侵蚀的、有齿的"意思，指龟的

CITES公约：附录 II

背甲后缘呈锯齿状。

主要特征　背甲长40厘米，是铰陆龟属中体型最大的种类。背甲颜色橙黄色，趋于灰褐色；背甲顶部平坦，背甲前缘和后部缘向外扩大，后缘呈锯齿状。腹甲黄色，有大块黑斑，腹甲前缘缺刻，前缘超过背甲前缘，有3～4枚小的腋盾，有1枚大的胯盾。头部淡黄色，头部较小，吻突出，上喙呈单枚钩形。四爪淡黄色，前、后肢均4爪，是此种龟特有的特征。

雌雄识别　雄龟腹甲长14～25厘米，体重800～1700克；雌龟腹甲长8～22厘米，体重600～1500克。雄龟比雌龟体型大，尾部粗长，腹甲凹陷，喉盾较长；雌龟尾短，腹甲平坦。

生活习性　栖息于常绿森林、沼泽地、沿着河流和溪流生长的森林区域。雨季活动活跃，干旱季活动少，经常藏于树根内或落叶层下，有时爬出晒太阳。杂食性，以蚯蚓、蜗牛、节肢动物、腐肉、植物、种子和落在地上的水果为食，喜食蘑菇。人工饲养条件下，应提供高钙绿叶植物、真菌、蔬菜、高纤维水果和小鼠等动物蛋白质。湿度保持在60%～90%，龟活跃。白天环境温度保持在21～29℃，夜晚保持在15～21℃。可全年交配，每窝卵1～4枚。卵白色，卵硬壳，椭圆形，卵长径40～46毫米、短径31～38毫米，卵重28克左右。孵化温度28.8℃，孵化期130～157天。

雄龟　　Tomas Diagne

头部　　Cris Hagen

头部　　Christoph Fritz

成龟背部　　Christoph Fritz

雄龟腹部　　Christoph Fritz

雌龟腹部　　Christoph Fritz

亚成体　　Christoph Fritz

成龟　　Christoph Fritz

成龟　　Christoph Fritz

稚龟　　Christoph Fritz

幼龟　　Peter Praschag

稚龟　　Christoph Fritz

荷 氏 铰 陆 龟

学　　名　*Kinixys homeana* Bell，1827

英 文 名　Home's Hinge-back Tortoise

别　　名　荷叶折背陆龟

分　　布　中非、利比尼亚、尼日利亚、加蓬、加纳、多哥。

种名词源　*homeana* 源自Everard Home（1756—1832）爵士的姓氏，他是英国博物学家和医生。

主要特征　背甲长22厘米左右。背甲整体棕褐色，有黑色斑纹；背甲顶部平，第5枚椎盾向下大幅度倾斜，从侧面观倾斜度接近90°，后部缘盾扩展，呈荷叶或扇贝状，边缘呈锯齿状。腹甲黄色，有黑色斑纹，腹甲喉盾前缘厚，喉盾前缘超过背甲前缘。头部淡黄色；上喙呈单枚钩形。四肢淡黄色；前肢5爪、后肢4爪。

雌雄识别　雄龟体型比雌龟小，尾粗大且长；雌龟尾短小。

生活习性　生活于热带森林的阴凉潮湿区域。清晨、黄昏凉爽和雨季时活动旺盛，可漂浮于水面。杂食性，捕食花、果、叶和蚯蚓、蜗牛、蛞蝓（鼻涕虫）等。每年产卵1～2窝，每窝卵2～4枚。卵白色，接近圆球形。孵化温度28～30℃，孵化期90天以上。

荷氏铰陆龟

CITES公约：附录Ⅱ

雄龟背部　　林颖

雄龟腹部　　林颖

成龟背部　　Tomas Diagne

腹部（左雄右雌）　Tomas Diagne

雌龟背部　　Olda Mudra

雌龟腹部　　Olda Mudra

交配　　Olda Mudra

幼龟　　Christoph Fritz

背部颜色变异
Christoph Fritz

幼龟　　Olda Mudra

头部　　Olda Mudra

幼龟吃蚯蚓　　Olda Mudra

背甲颜色变异　　Christoph Fritz

背甲颜色变异
Christoph Fritz

亚成体龟
Tomas Diagne

龟卵　　Olda Mudra

幼龟　　Olda Mudra

窄 背 铰 陆 龟

学　　名　*Kinixys lobatsiana* Power，1927

英 文 名　Lobatse Hinge-back Tortoise

别　　名　窄背折龟

分　　布　博茨瓦纳、南非西北部。

种名词源　*lobatsiana* 源自拉丁语"lobatus"，是"有叶的"意思，指龟的背甲前部缘盾似叶子一样。

主要特征　背甲长17厘米左右。背甲整体颜色以棕黄色为主，每块盾片周围有环状黑色斑纹，有的个体有不规则的放射状黑斑纹（个体间的色斑差异较大）。背甲窄且长，后部边缘锯齿状。腹甲喉盾超过背甲前缘。头部淡黄色，无黑斑。上喙单枚钩形不明显。四肢淡黄色。前肢5爪、后肢4爪。

雌雄识别　雄龟体型比雌龟小，雄龟背甲长17厘米，体重820克，腹甲凹陷，尾粗长；雌龟背甲长20厘米，体重1.5千克，雌龟腹甲平坦。

生活习性　栖息地为热带草原型，喜较干燥的岩石上坡、山脊环境。夏季和雨季活动频繁，冬季躲藏洞穴中冬眠。杂食性，食各种草、果实、蜗牛、多足虫等。11月至翌年4月交配，每窝卵6～8枚。孵化期313天左右，因孵化期间有冬季，卵需经历滞育期。

窄背铰陆龟

CITES公约：附录 II

头部　Christoph Fritz

头部　Christoph Fritz

成龟背部　Christoph Fritz

成龟腹部（左雄右雌）
Christoph Fritz

幼龟　Victor Loehr

成龟　Petr Petras

成龟　Shutterstock.com

幼龟　Petr Petras

亚成体　Christoph Fritz

亚成体背部　Victor Loehr

亚成体背部　Christoph Fritz

亚成体　Petr Petras

亚成体　Christoph Fritz

亚成体腹部　Victor Loehr

亚成体腹部　Christoph Fritz

垒包铰陆龟

学　　名　*Kinixys natalensis* Hewitt，1935

英 文 名　Natal Hinge-back Tortoise

别　　名　纳塔尔折背陆龟

分　　布　斯威士兰、莫桑比克、南非。

种名词源　*natalensis*源自Nata，即纳塔尔，是南非的一个省，即夸祖鲁－纳塔尔省（Kwazulu-Natal）。

主要特征　背甲长16厘米左右，是铰陆龟属中体型最小的种类。背甲颜色以棕黄色为主，中央有黑色斑纹；背甲顶部平，后缘不向外扩展，背甲上铰链不发达。腹甲淡黄色；有对称的黑色斑纹；3枚腋盾，1枚胯盾。头部黄色；上喙有3枚钩状尖齿。前肢5爪、后肢4爪。

雌雄识别　雌龟体型比雄龟大。雌龟尾短，腹甲中央平坦；雄性尾长且粗，腹甲中央凹陷。

生活习性　栖息于稀树草原、干燥岩石和灌木丛生地区。杂食性，以蘑菇、草、果实、蚯蚓等为食物。2月交配，4月产卵，每窝卵2枚。孵化期150天以上。稚龟重10克左右。

垒包铰陆龟

CITES公约：附录 II

成龟　Shutterstock. com

幼龟　Victor Loehr

头部　Victor Loehr

成龟　Franck Bonin

一群垒包铰陆龟　Franck Bonin

西 非 铰 陆 龟

西非铰陆龟

CITES公约：附录 II

学　　名	*Kinixys nogueyi*（Lataste，1886）
英 文 名	Western Hinge-back Tortoise
别　　名	西部钟纹陆龟
分　　布	中非、贝宁、喀麦隆、塞拉利昂、象牙海岸、尼日利亚、多哥、马里、刚果等。
种名词源	*nogueyi* 源自 Gustave Noguey 的姓氏。

主要特征　背甲长20～30厘米。背甲以棕黄色为主，有黑色斑纹（背甲颜色和斑纹变化多样）；背甲顶部隆起，形成半圆形。腹甲淡黄色，有时有黑色小斑纹；腹甲前缘无缺刻，接近半圆形。头部淡褐色；上喙单枚钩形，眼睛前方的上下颌边缘呈细小锯齿状。前肢4爪、后肢4爪。

生活习性　栖息于稀树草原、干燥的灌木和牧草区域。清晨或黄昏时活动，雨季时活动更活跃，干旱季节夏眠。杂食性，喜食真菌、无脊椎动物，也食一些小动物的腐肉。6—11月交配，11月至翌年1月产卵，可多次产卵。雌龟产卵前烦躁不安，每窝卵6枚左右。孵化期100天以上。

成龟　Peter Praschag

幼龟　Victor Loehr

成龟　Nicolas Pellegrin

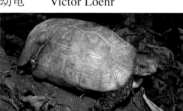

成龟　Peter Praschag

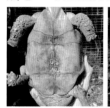

雄龟腹部
Nicolas Pellegrin

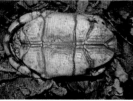

雄龟腹部
Peter Praschag

亚成体　古河祥

即将出壳的稚龟　Victor Loehr

斑 纹 铰 陆 龟

斑纹铰陆龟

CITES公约：附录 II

学　　名　*Kinixys spekii* Gray，1863

英 文 名　Speke's Hinge-back Tortoise

别　　名　斑纹折背龟

分　　布　安哥拉、刚果、纳米比亚、赞比亚、坦桑尼亚、津巴布韦、肯尼亚、马拉维、博茨瓦纳、布隆迪。

种名词源　*spekii* 源自英国探险家 John Hanning Speke（1827—1864）的姓氏。

主要特征　背甲长20厘米左右，体重800 ~ 1500克。背甲黄色，盾片连接缝呈粗大黑色或褐色，形成环状黑环，无放射状斑纹；背甲顶部平坦，背甲后缘不呈锯齿状。腹甲黄色，有大块黑色斑块；2枚腋盾，1枚胯盾。头部上喙单枚钩状不明显。前肢5爪、后肢4爪。

雌雄识别　雌龟性成熟期9年左右，雄龟成熟期7年左右。雌龟体型比雄龟大。雌龟体色有黑斑纹，腹甲平坦；雄龟体色单一，腹甲凹陷，尾粗长。

生活习性　生活于稀疏的草原和林地植被区域，喜干燥凉爽环境。杂食性，以各种果实、草等植物为食，也食千足虫、蛞蝓（鼻涕虫）、蚂蚁和蜗牛。环境温度23.8 ~ 32℃适宜。雨季活动活跃，干旱季节和冬季躲藏于洞穴或灌木丛中夏眠或冬眠。每年11月至翌年4月产卵，每窝卵2 ~ 6枚。孵化期300多天，雨季时稚龟出壳。

雌龟背部　Nicolas Pellegrin

雌龟腹部　Nicolas Pellegrin

雌龟背部　Nicolas Pellegrin

雌龟腹部　Nicolas Pellegrin

成龟　Victor Loehr

成龟　Franck Bonin

成龟　壹图

成龟　Shutterstock.com

雄龟背部　Victor Loehr

成龟　Victor Loehr

幼龟　Nicolas Pellegrin

雄龟腹部　Victor Loehr

南 非 铰 陆 龟

学　　名　*Kinixys zombensis* Hewitt，1931

英 文 名　Southeastern Hinge-back Tortoise

别　　名　南部钟纹陆龟

分　　布　南非、坦桑尼亚、莫桑比克、马拉维、肯尼亚、马达加斯加。

种名词源　*zombensis* 源自模式标本产地Zomba，即松巴，它是南非东南部的国家马拉维（Malawi）的一个小城。

主要特征　背甲长22厘米左右。背甲颜色以棕黄色和褐色为主，有黑色放射状粗斑纹，背甲顶部平，第四、五枚椎盾向下倾斜，呈圆球状。腹甲淡黄色，有少量黑斑纹，腹甲前叶较短，喉盾前缘平切，并超过背甲前缘，2枚腋盾，1枚胯盾。头部黄色，有褐色斑纹，上喙略呈单枚钩形，边缘无锯齿。四肢黄色，前肢5爪、后肢4爪。

种下分类　2个亚种，南非铰陆龟指名亚种（*Kinixys zombensis zombensis*）和南非铰陆龟马岛亚种（*Kinixys zombensis domerguei*），南非铰陆龟马岛亚种仅分布于马达加斯加。

南非铰陆龟 *Kinixys zombensis* 的亚种检索

1a　头顶额鳞完整 ·· 南非铰陆龟指名亚种 *Kinixys zombensis zombensis*

1b　头顶额鳞不完整，额鳞的宽度小于前额鳞的宽度　·············· 南非铰陆龟马岛亚种 *Kinixys zombensis domerguei*

雌雄识别　性成熟期8～11年。雌龟体型比雄龟大。雌龟尾短；雄龟尾粗大且长。

生活习性　栖息于湿润的草原林地、沙丘森林边缘、椰树和经济作物地域；清晨和黄昏时活动，干旱季节躲藏于树洞、树叶堆夏眠。杂食性，真菌、果实、无脊椎动物等均捕食。4—11月交配，每窝卵2～10枚。孵化期200天左右。

南非铰陆龟指名亚种

雄龟背部　Kees Verkade

雄龟腹部　Kees Verkade

1龄龟背部　Kees Verkade

雄龟背部　Kees Verkade

1龄龟腹部　Kees Verkade

雄龟腹部　Kees Verkade

南非铰陆龟马岛亚种

雄龟背部　Peter Praschag

成龟背部　Christoph Fritz

雌龟背部　Christoph Fritz

雄龟腹部　Peter Praschag

成龟腹部（左雌右雄）　Christoph Fritz

雌龟腹部　Christoph Fritz

南非铰陆龟马岛亚种

成龟　Tizian Kram　　　　成龟　Tizian Kram　　　　成龟　Tizian Kram

成龟腹部（左雄右雌）　　头部　Tizian Kram　　　　成龟　Tizian Kram
Tizian Kram

一群幼龟　Tizian Kram　　　幼龟　Tizian Kram　　　　幼龟　Tizian Kram

亚成体　Tizian Kram　　　　　　　幼龟　Tizian Kram

十三、扁陆龟属 *Malacochersus* Lindholm，1929

本属仅1种，即扁陆龟（*Malacochersus tornieri*）。主要特征：甲壳软，背甲扁平，无韧带，背甲骨板间有空隙；腹甲宽短，腹甲骨板中央有较大的空隙。

扁 陆 龟

学　名　*Malacochersus tornieri*（Siebenrock，1903）

英 文 名　Pancake Tortoise

别　名　饼干龟、南非饼干龟

分　布　赞比亚、坦桑尼亚。

种名词源　*tornieri* 源自德国柏林自然博物馆 Gustav Tornier（1859—1938）的姓氏，他是动物学家、艺术家、分类学家。

扁陆龟

CITES公约：附录 I

主要特征　体型较小，背甲长17.8厘米，体重不超过500克。背甲扁平接近长方形，无崤棱，呈棕黄色，具淡黄色放射状斑纹。腹甲宽，前缘略缺刻，后缘缺刻较深。头部黄色，头顶鳞片较小，上喙钩形。四肢具鳞片。

雌雄识别　性成熟期5～9年。雄龟背甲长9～10厘米、雌龟背甲长13～14厘米性成熟。雄龟尾长且粗；雌龟尾短且细。

生活习性　栖息于有低矮植物的干燥环境中，喜生活于岩石区域。甲壳较软，若遇敌害侵袭时，吸气使自己身体更扁平，窜入窄小的石缝中，敌害无从下手。草食性，喜食多种植物，以牧草、莴苣、桑叶、蒲公英等为主。每年1—2月交配，7—8月产卵，每窝仅产1枚卵（极少产2枚卵），每年可产卵3～4窝。卵长椭圆形，卵长径42毫米、短径26毫米，卵重11～13克。孵化温度31～32℃，孵化期99～300天。稚龟背甲长38毫米，重7～8克。

成龟　　周峰婷

背部扁平

背部花纹多样

成龟背部　周峰婷

成龟背部

成龟背部

成龟背部

成龟腹部　周峰婷

成龟腹部

腹部（左雌右雄）

成龟腹部

幼龟　壹图

成龟背部

幼龟　Torsten Blanck

雌龟尾部

幼龟背部　朱彤

幼龟腹部　壹图

雄龟尾部

十四、凹甲陆龟属 *Manouria* Gray，1854

本属2种，即凹甲陆龟（*Manouria impressa*）、黑凹甲陆龟（*Manouria emys*）。主要特征：背甲椎盾和肋盾中央凹陷，股部硬棘1枚或数枚，分布于亚洲。

凹甲陆龟属 *Manouria* 的种类检索

1a　背甲深棕色、橄榄色或黑色，背甲后缘略呈锯齿，股部两侧有多枚大的硬棘……………………………………………… 黑凹甲陆龟 *Manouria emys*

1b　背甲黄色带有黑色杂斑，背甲后缘锯齿状明显，股部两侧仅有1枚大的硬棘……………………………………………… 凹甲陆龟 *Manouria impressa*

凹甲陆龟

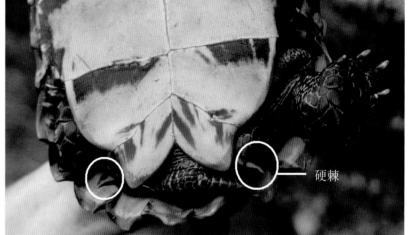

凹甲陆龟的股部两侧硬棘仅有1枚

硬棘

黑凹甲陆龟　　周昊明

黑凹甲陆龟的股部两侧硬棘数枚

黑凹甲陆龟

学　　名　*Manouria emys*（Schlegel & Müller，1840）

英 文 名　Asian Giant Tortoise

别　　名　靴脚陆龟、六足龟

分　　布　孟加拉、文莱、印度、印度尼西亚、马来西亚、缅甸、新加坡、泰国。

种名词源　*emys* 是拉丁语，即陆龟之意。

主要特征　黑凹甲陆龟是亚洲陆龟中体型最大的种类。背甲长60厘米。背甲通体黑色，背甲前后缘锯齿状不明显。腹甲宽大，喉盾较长，超过背甲前缘。头部黑色，上喙钩形。四肢具大鳞。股部具数枚坚硬突起的硬棘。

种下分类　2个亚种，黑凹甲陆龟指名亚种（*Manouria emys emys*）和黑凹甲陆龟缅甸亚种（*Manouria emys phayrei*）。黑凹甲陆龟缅甸亚种又名黑靴陆龟，分布于印度、泰国、孟加拉、缅甸。黑凹甲陆龟指名亚种别名棕靴陆龟，分布于泰国、新加坡、印度尼西亚、文莱和马来西亚。

黑凹甲陆龟 *Manouria emys* 的亚种检索

1a　腹甲的胸盾在腹甲中线不相遇，无胸盾沟，体型较小，背甲长50厘米 ··黑凹甲陆龟指名亚种 *Manouria emys emys*

1b　腹甲的胸盾在腹甲中线相遇，有胸盾沟，体型较大，背甲长超过60厘米 ································黑凹甲陆龟缅甸亚种 *Manouria emys phayrei*

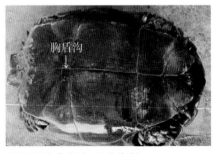

胸盾沟

黑凹甲陆龟缅甸亚种腹部　　　　　黑凹甲陆龟指名亚种腹部　　　俞强

雌雄识别　雄龟体型比雌龟大。雄龟尾长且粗，雌龟尾短且细。

生活习性　栖息于热带雨林及溪流附近地域。草食性，以果实、植物茎叶为食。每年4～5月和9月产卵，每年产卵2窝，龟产卵前不挖洞穴，产卵前5～7天，龟用前肢扒树叶，用后肢将树叶堆积在身后，形成一个凹陷的窝。卵产于树叶上，卵产完后，龟用树叶覆盖卵后离开；有的龟也可在沙土上产卵。每次产卵23～51枚，卵圆球形，卵直径51～54毫米。孵化温度26～30℃，孵化期63～84天。稚龟背甲长60～66毫米，体重47～55克。

黑凹甲陆龟指名亚种

亚成体　古河祥

幼龟　Shutterstock.com

一群龟　Torsten Blanck

成龟背部　古河祥

成龟背部　古河祥

头部

成龟背部　俞强

成龟背部　俞强

成龟背部　俞强

幼龟背部

成龟腹部　俞强

成龟腹部　俞强

成龟腹部　俞强

幼龟腹部

黑凹甲陆龟缅甸亚种

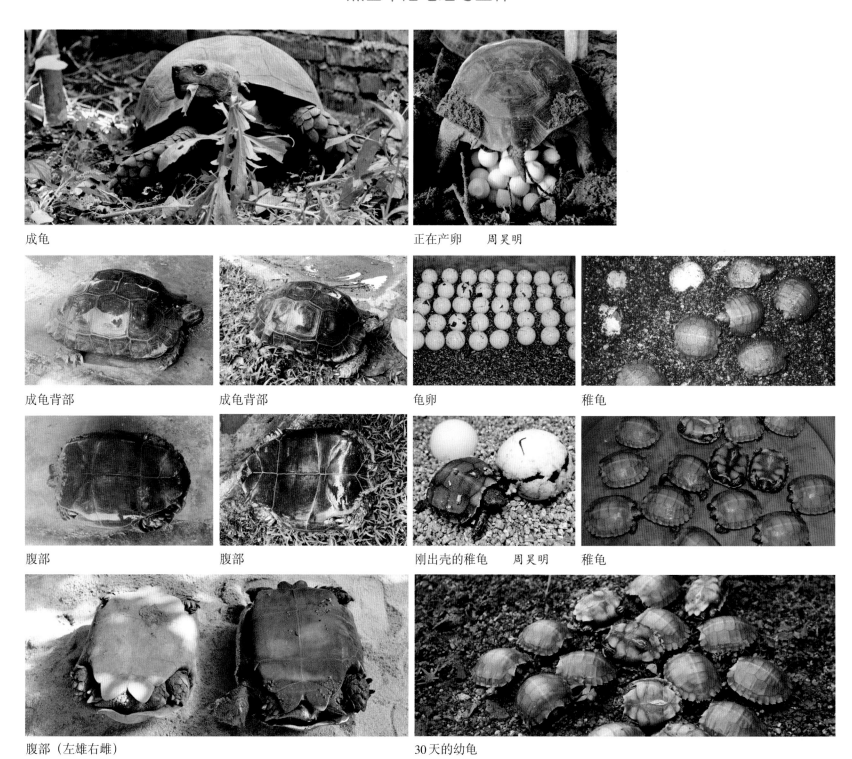

成龟

正在产卵　周昊明

成龟背部

成龟背部

龟卵

稚龟

腹部

腹部

刚出壳的稚龟　周昊明

稚龟

腹部（左雄右雌）

30天的幼龟

幼龟　周昊明

幼龟　周昊明

交配

30天的幼龟背部

30天的幼龟腹部

幼龟腹部　周昊明

幼龟背部　周昊明

凹甲陆龟

凹甲陆龟

学　　名　*Manouria impressa*（Günther，1882）

英 文 名　Impressed Tortoise

别　　名　山龟、龟王、麒麟陆龟

分　　布　缅甸、马来西亚、柬埔寨、老挝、越南、泰国；中国广西、海南、云南。

CITES公约：附录 II

种名词源　*impressa* 源自拉丁语"impressio"，是英语"impressed"之意，即"盖印"的意思，指龟背甲盾片向下凹陷的特征。

主要特征　背甲长27厘米左右。背甲黄色，有黑色杂斑；前后缘盾均呈锯齿状。腹甲黄色，有黑色杂斑。头顶有鳞，前额鳞2对，上喙钩形。股部两侧各具1枚硬棘。四肢有大鳞。尾短。

雌雄识别　雌雄龟的腹甲均平坦，雌龟尾短且细，雄龟尾长且粗。

生活习性　生活于海拔1 200米以上的森林地域，生活区域有月桂属、蕨类、杜鹃花及为数众多的一些附生植物。惧怕炎热干燥，喜阴凉潮湿，常躲藏于树叶、碎腐烂植物下，适宜温度21 ～ 28℃。草食性，以蘑菇、竹笋、杂草、野果等植物为主。人工饲养条件下，平菇、黄瓜、香蕉、苹果、轮藻均食，少数个体食肉类。在广东惠东，6—7月产卵，可分批产卵，每年可产卵4窝，每窝卵1 ～ 6枚。卵白色，硬壳，圆球形。卵直径34.1毫米。孵化温度25 ～ 28℃，孵化期65 ～ 90天。稚龟重20.5克。

成龟　　周峰婷

成龟腹部（左雌右雄）

头部　赵蕙　　　　　　　　成龟背部　赵蕙　　　　　　成龟腹部　赵蕙

头部　　　　　　　　　　　成龟背部　　　　　　　　　成龟腹部

成龟背部　　　　　　　　　雌龟背部　Ron de Bruin　　老年个体背部

成龟腹部　　　　　　　　　雌龟腹部　Ron de Bruin　　老年个体腹部

亚成体

2龄龟背部　何正平

幼龟背部

亚成体

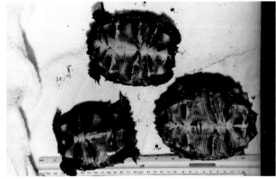

2龄龟腹部　何正平

幼龟腹部

1月龄幼龟　周峰婷

龟卵　William Ho

幼龟　周峰婷

十五、石陆龟属 *Psammobates* Fitzinger，1835

本属3种，即锯齿石陆龟（*Psammobates oculifer*）、几何石陆龟（*Psammobates geometricus*）、帐篷石陆龟（*Psammobates tentorius*）。主要特征：背甲隆起，近半圆状；喉盾的长度与宽度相等或长度比宽度长，椎盾上有淡黄色放射状斑纹，前后缘盾均呈锯齿状。分布于非洲南部。石陆龟属成员都是南非的特有种，它们对栖息地环境和食物依赖性强，一旦离开其原栖息地，生存将受到威胁。

石陆龟属 *Psammobates* 的种类检索

1a 仅有唯一的腋盾，腋盾与肱盾相连，颈盾大，缘盾锯齿状明显，腹甲具放射状条纹 ·········· 锯齿石陆龟 *Psammobates oculifer*

1b 有1～3枚腋盾，腋盾与肱盾不相连，颈盾较小，背甲边缘略呈齿状，腹甲无放射状条纹 ·········· 2

2a 仅有唯一的腋盾，前肢鳞片较大，不呈覆瓦状 ·········· 几何石陆龟 *Psammobates geometricus*

2b 有2～3枚腋盾，前肢鳞片较大，呈覆瓦状 ·········· 帐篷石陆龟 *Psammobates tentorius*

几 何 石 陆 龟

学　名　*Psammobates geometricus*（Linnaeus，1758）

英 文 名　Geometric Tortoise

别　名　几何沙龟、星丛陆龟、几何星丛龟

分　布　南非。

种名词源　*geometricus* 源自拉丁语 "geometria"，即 "几何" 之意，指龟背甲上图案似几何图案。

几何石陆龟

CITES公约：附录 I

主要特征　本属中体型最大的一种，背甲长15～20厘米。背甲黑色或黑褐色，每块椎盾和肋盾上有数条淡黄色放射状斑纹；背甲近似半圆状，背甲前缘V形，背甲边缘略呈锯齿状，背甲后半部较前半部宽。腹甲淡黄色，有黑色块状斑纹在每一条沟缝上；腹甲较大，前半部比后半部窄。腋盾和胯盾各1对。头部大小适中，喙钩形。四肢黑色或黑褐色，有覆瓦状的鳞片。

雌雄识别　雄龟5～6年成熟，雌龟成熟期超过5年。雌龟体型比雄龟大。

生活习性　生活于有沙的陆地，栖息地气温高、干燥。草食性，以当地植物为食。每窝卵2～4枚。孵化期200天左右。

成龟　　Franck Bonin

成龟背部　　Victor Loehr

成龟背部　　Victor Loehr

成龟腹部　　Victor Loehr

锯 齿 石 陆 龟

学　　名　*Psammobates oculifer*（Kuhl，1820）

英 文 名　Serrated Tent Tortoise

别　　名　南非锯齿龟、锯齿星丛龟、眼斑陆龟

分　　布　纳米比亚、博茨瓦纳。

种名词源　*oculifer* 源自拉丁语"oculus"，即"眼"意思，指龟头顶部有褐色斑纹，似眼睛。

主要特征　体型较小，背甲长 11 ～ 13 厘米。背甲上布满淡黄色放射状斑纹，缘盾上布满黄色条纹；背甲高且顶部隆起，似面包状；背甲呈黑褐色，每块椎盾、背甲前后缘均呈锯齿状，后缘锯齿末端向上翻卷。腹甲较大，有放射状斑纹，喉盾细长，仅有 1 枚腋盾和胯盾。头部黄色带有褐色杂斑，上喙钩形。四肢黄色，前肢有大的鳞片。

雌雄识别　性成熟期约 10 年以上。雄龟体型比雌龟小，腹甲长，尾粗长；雌龟背甲圆，甲壳较高，腹甲宽短，尾短。

生活习性　生活于干燥的灌木和半干旱陆地，每年 3—9 月间躲入洞穴夏眠。草食性，以牵牛花等当地多种植物为食。夏季雨季产卵，每年产卵 1 ～ 2 窝，每窝卵 1 枚。卵短椭圆形，孵化期 150 天左右。

锯齿石陆龟

CITES公约：附录 II

成龟背部　James Liu

幼龟背部　James Liu

幼龟背部　Ames Liu

成龟腹部　James Liu

幼龟腹部　James Liu

幼龟腹部　James Liu

亚成体　　图虫创意

幼龟　　James Liu

成龟背部　　Torsten Blanck

成龟腹部　　Victor Loehr

帐 篷 石 陆 龟

学　　名　*Psammobates tentorius*（Bell，1828）

英 文 名　Tent Tortoise

别　　名　星丛龟、南非星丛龟、帐篷星丛陆龟

分　　布　南非和纳米比亚。

种名词源　*tentorius* 源自拉丁语"tentorium"，即"帐篷"之意，指龟背甲的肋盾、椎盾凸起，似"贝都因人"（Bedouins）的帐篷形状。

帐篷石陆龟

CITES公约：附录 II

主要特征　小型陆龟。背甲长10～15厘米。背甲黑色，每块盾片上具淡黄色或橘黄色放射状斑纹；背甲隆起，呈半圆状或偏平，颈盾小，每块椎盾和肋盾中央凸起，呈圆锥体，缘盾11～13枚。腹甲淡黄色或橘红色，有黑色斑纹。甲桥处通常有2～3枚腋盾和1枚胯盾。头部淡黄色或橘红色，有一些黑色或棕黑色的斑块，头部较小，前额略有凸起，喙呈W形。前肢鳞片较大，呈覆瓦状。尾末端无尾爪。

贝都因人的帐篷　　图虫创意

种下分类　3个亚种，帐篷石陆龟指名亚种（*Psammobates tentorius tentorius*），分布于南非；帐篷石陆龟西部亚种（*Psammobates tentorius trimeni*），分布于南非、纳米比亚；帐篷石陆龟北部亚种（*Psammobates tentorius verroxii*），分布于南非。

帐篷石陆龟 *Psammobates tentorius* 的亚种检索

1a　背甲高隆，肋盾和椎盾中央凸起明显，呈圆锥体···2

1b　背甲略隆起，肋盾和椎盾中央略凸起，圆锥体不明显 ·················帐篷石陆龟北部亚种 *Psammobates tentorius verroxii*

2a　背甲上放射状条纹为淡黄色······················帐篷石陆龟指名亚种 *Psammobates tentorius tentorius*

2b　背甲上放射状条纹底部为橙色 ····················帐篷石陆龟西部亚种 *Psammobates tentorius trimeni*

雌雄识别　性成熟期8年以上。雄龟体型比雌龟小。雄龟背甲长10厘米左右，体重170克左右；雌龟背甲长15厘米左右，体重400克左右。雄龟尾部粗长，腹甲凹陷；雌龟尾细短，腹甲平坦。

生活习性　生活于沙漠、热带草原、干旱的丛林和多岩石的平坦陆地。喜清晨出来活动觅食，其他时间躲藏于荆棘灌木或岩石下，躲避炎热。部分龟有冬眠或夏眠。草食性，喜食各种多肉植物和一些绿叶、花及杂草植物。每年产卵1窝，每窝卵1～2枚。孵化期220天左右。

帐篷石陆龟指名亚种

背部　　Victor Loehr

成龟背部　　Margaretha D. Hofmeyr

成龟背部　　Margaretha D. Hofmeyr

幼龟背部　　Margaretha D. Hofmeyr

成龟腹部　　Margaretha D. Hofmeyr

成龟腹部　　Victor Loehr

幼龟腹部　　Victor Loehr

帐篷石陆龟北部亚种

成龟背部　Victor Loehr

头部　Victor Loehr　　亚成体侧部　Victor Loehr

成龟腹部　Victor Loehr　　成龟背部　Victor Loehr

帐篷石陆龟西部亚种

亚成体背部　Victor Loehr

幼龟腹部　Victor Loehr

十六、蛛陆龟属 *Pyxis* Bell，1827

本属2种，即蛛陆龟（*Pyxis arachnoides*）和平背蛛陆龟（*Pyxis planicauda*）。主要特征：背甲接近圆形，顶部平，腹甲肱盾与胸盾间有韧带（蛛陆龟北部亚种、平背蛛陆龟没有韧带），胸盾沟长度与股盾沟长度相等或近似。分布于马达加斯加。

蛛陆龟属 *Pyxis* 的种类检索

1a 胸盾沟长度比股盾沟长度长，颈盾窄 ································· 蛛陆龟 *Pyxis arachnoides*

1b 胸盾沟长度与股盾沟长度相等或长，颈盾宽 ················· 平背蛛陆龟 *Pyxis planicauda*

平背蛛陆龟　周峰婷

蛛陆龟　Shutterstock.com

蛛 陆 龟

学　　名　*Pyxis arachnoides* Bell，1827

英 文 名　Spider Tortoise

别　　名　蛛网龟

分　　布　马达加斯加南部。

种名词源　*arachnoides* 源自希腊语 "arachne"，是 "蜘蛛网状" 之意，指龟的背甲斑纹似蜘蛛网状。

蛛陆龟

CITES公约：附录 I

主要特征　体型较小，背甲长8 ～ 15厘米，体重105 ～ 300克。背甲橘红色或橘黄色蜘蛛网状花纹；颈盾窄。腹甲黄色；肱盾与胸盾间有韧带（蛛网陆龟北部亚种无韧带），胸盾沟长度比股盾沟长度长。上喙呈钩型。

种下分类　3个亚种。蛛陆龟指名亚种（*Pyxis arachnoides arachnoides*）、蛛陆龟北部亚种（*Pyxis arachnoides brygooi*）、蛛陆龟南部亚种（*Pyxis arachnoides oblonga*）。

蛛陆龟 *Pyxis arachnoides* 的亚种检索

1a　腹甲无韧带，腹甲无黑色斑纹 ··· 蛛陆龟北部亚种 *Pyxis arachnoides brygooi*

1b　腹甲有韧带 ·· 2

2a　腹甲无黑色斑纹 ··· 蛛陆龟指名亚种 *Pyxis arachnoides arachnoides*

2b　腹甲有黑色斑纹 ·· 蛛陆龟南部亚种 *Pyxis arachnoides oblonga*

雌雄识别　性成熟期8 ～ 11年。雌雄龟体型一样。雄龟腹甲凹陷，尾较长；雌龟腹甲平坦，尾短。

生活习性　生活于沙丘和森林的干燥地带。雨季来临之前，通常躲藏于灌木、洞穴中，喜凌晨爬出活动。草食性，以草、嫩叶等植物为食。每年仅产卵1窝，每窝卵1 ～ 3枚，孵化期247 ～ 324天。

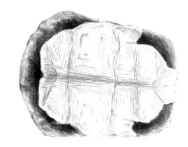

蛛陆龟指名亚种　　　　　　　　　蛛陆龟南部亚种　　　　　　　　　蛛陆龟北部亚种

葛若雯　画

蛛陆龟指名亚种

雄龟背部

雌龟背部　　Norbert Halasz

亚成体

雄龟腹部

雌龟腹部　　Norbert Halasz

亚成体腹部

幼龟　　Shutterstock. com

幼龟　　Victor Loehr

稚龟

幼龟　　Norbert Halasz

幼龟背部
Norbert Halasz

蛛陆龟北部亚种

成龟　黄凯

幼龟背部

幼龟背部　黄凯

幼龟腹部

幼龟腹部　黄凯

幼龟

蛛陆龟南部亚种

幼龟背部　周峰婷

幼龟　Victor Loehr

幼龟　Victor Loehr

幼龟　Victor Loehr

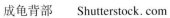

成龟背部　Shutterstock.com

成龟背部　林颖

成龟腹部　林颖

蛛 陆 龟

亚成体背部　　周峰婷

亚成体背部　　黄凯

亚成体　　俞强

背部斑纹多样　　黄凯

平 背 蛛 陆 龟

学　　名　*Pyxis planicauda*（Grandidier，1867）

英 文 名　Flat-tailed Tortoise

别　　名　扁尾龟、扁尾陆龟

分　　布　马达加斯加西南部沿海区域。

种名词源　*planicauda* 源自拉丁语"planus"和"cauda"组合而成，指龟尾部扁平。

主要特征　体型小，成龟体重不超过700克；背甲长14～17厘米，甲壳高3～4厘米。背甲顶部平坦。
腹甲颈盾宽，腹甲无韧带，胸盾沟长度与股盾沟长度相等或比股盾沟长。尾部扁平。

雌雄识别　性成熟期8～12年。雄龟体重300～400克，雌龟体重475～670克。雄龟体型比雌龟小。雄龟尾长且粗，腹甲中央凹陷；雌龟尾短且细，腹甲中央平坦。

生活习性　平背蛛陆龟是马达加斯加的特有种之一，也是马达加斯加特有种中第二个稀有的种类。平背蛛陆龟的马达加斯加语为"kapidolo"，意思为幽灵一样的龟，因为龟通常被发现在墓地附近的丛林。生活于离海岸30千米左右的干燥灌木林中，温度14～32℃，喜湿冷阴暗的树林，不喜欢直射的阳光；在高湿度和高温时，几乎停止活动。杂食性，以植物为主，食各种菌类、落叶果实、仙人掌、莴苣、牧草等，也食一些蚯蚓、蜗牛等。每年仅产卵1窝，每窝卵1枚（人工饲养的雌龟可产3窝）。孵化期254～343天。

成龟　　周峰婷

成龟背部　　Torsten Blanck

成龟背部　　周峰婷

成龟背部　　Torsten Blanck

平背蛛陆龟

CITES公约：附录 I

成龟　　Norbert Halasz

亚成体　　Norbert Halasz

亚成体　　Norbert Halasz

雄龟背部

成龟背部　　Norbert Halasz

幼龟　　Petr Petras

雄龟腹部

成龟腹部（左雌右雄）　　Norbert Halasz

幼龟　　Peter Praschag

十七、豹龟属 *Stigmochelys* Gray，1873

豹龟属的属名原为*Geochelone*，现为*Stigmochelys*。本属仅1种，豹龟（*Stigmochelys pardalis*）。主要特征：背甲黄色，有黑色或黑褐色斑纹，似豹的斑纹。无颈盾，腹甲胸盾非常窄。

豹　龟

学　名	*Stigmochelys pardalis*（Bell，1828）
英 文 名	Leopard Tortoise
别　名	豹纹龟、非洲豹龟
分　布	非洲东部和南部。

豹龟

CITES公约：附录 II

种名词源　*pardalis*源自于拉丁语"leopardus"，指动物中的豹，指龟的背甲斑纹似豹的斑纹。

主要特征　背甲长72厘米，通常为30～50厘米。背甲每块盾片上具乳白色或黑色斑纹，似豹纹；背甲长椭圆形，高隆，无颈盾。腹甲淡黄色；胸盾沟极短，后缘缺刻。头部呈黄色，较小，上喙钩形。

雌雄识别　人工饲养条件下4～6年成熟，野外的龟需10～15年性成熟。雌龟腹甲平坦，肛盾后缘夹角接近90°，尾短；雄龟腹甲中央凹陷，肛盾后缘夹角超过90°，尾粗且长。

生活习性　栖息于草原、丛林灌木周边的干燥地区。草食性，以植物的叶、果实为食。人工饲养条件下，喜食莴苣、卷心菜、生菜、杂草等瓜果蔬菜。夏季是繁殖季节，每次产卵6～15枚。卵白色，圆球形，卵直径36～40毫米。孵化期较长，150～300天。孵化温度25～27℃，孵化期120～140天，稚龟以雄龟居多；孵化温度28～32℃，孵化期110～200天，稚龟以雌龟居多。

成龟　　周峰婷

成龟　　魏鸿仁

成龟　　周峰婷

成龟　　古河祥

成龟　　Torsten Blanck

成龟　　周峰婷

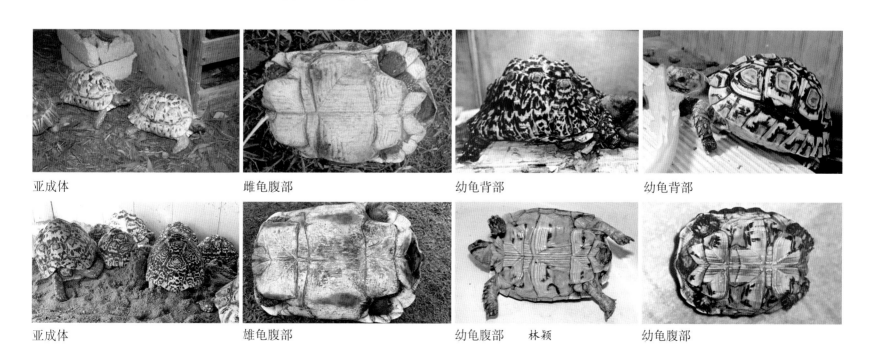

亚成体

雌龟腹部

幼龟背部

幼龟背部

亚成体

雄龟腹部

幼龟腹部　　林颖

幼龟腹部

幼龟

幼龟   Victor Loehr

幼龟

白化幼龟

白化亚成体

幼龟侧部

幼龟腹部

幼龟

出壳30天左右的幼龟

出壳50天左右的幼龟

出壳60天左右的幼龟

十八、陆龟属 *Testudo* Linnaeus，1758

本属5种。主要特征：背甲无铰链，成体腹甲有不发达的韧带铰链，上喙钩形。分布于欧洲南部、非洲北部和亚洲西南部。

陆龟属 *Testudo* 的种类名录

序号	中文名	学名
1	希腊陆龟	*Testudo（Testudo）graeca*
2	埃及陆龟	*Testudo（Testudo）kleinmanni*
3	缘翘陆龟	*Testudo（Testudo）marginata*
4	四爪陆龟	*Testudo（Agrionemys）horsfieldii*
5	赫尔曼陆龟	*Testudo（Chersine）hermanni*

缘翘陆龟　　　　　四爪陆龟

希腊陆龟　　　　　埃及陆龟　　　　　赫尔曼陆龟

陆龟属 *Tesudo* 的种类检索

1a	前肢4爪 ··················	四爪陆龟*Testudo（Agrionemys）horsfieldii*
1b	前肢5爪 ··················	2
2a	臀盾2枚或1枚，股部无硬棘，腹甲黑斑呈带状 ······	赫尔曼陆龟*Testudo（Chersine）hermanni*
2b	臀盾1枚 ··················	3
3a	股部有硬棘，腹甲黑斑块之间不连接 ······	希腊陆龟*Testudo（Testudo）graeca*
3b	股部无硬棘 ··················	4
4a	臀盾和后部缘盾向外扩大，背甲长通常超过20厘米 ······	缘翘陆龟*Testudo（Testudo）marginata*
4b	臀盾向后扩大，后部缘盾不向外扩大，背甲长不超过14厘米 ······	埃及陆龟*Testudo（Testudo）kleinmanni*

希 腊 陆 龟

学　　名　*Testudo*（*Testudo*）*graeca* Linnaeus，1758

英 文 名　Spur-thighed Tortoise

别　　名　欧洲陆龟、刺股陆龟

分　　布　欧洲西南部、非洲北部和亚洲西部、北部。

种名词源　"*graeca*"源自拉丁语"Graecia"，即希腊。

种下分类　10个亚种，分布广泛。

希腊陆龟

CITES公约：附录 II

希腊陆龟*Testudo*（*Testudo*）*graeca* 的亚种名录

序号	中文名	学　名	分　布
1	希腊陆龟指名亚种	*Testudo*（*Testudo*）*graeca graeca*	阿尔及利亚、摩洛哥、西班牙
2	希腊陆龟亚美尼亚亚种	*Testudo*（*Testudo*）*graeca armeniaca*	亚美尼亚、阿塞拜疆、格鲁吉亚、伊朗、俄罗斯
3	希腊陆龟巴克斯顿亚种	*Testudo*（*Testudo*）*graeca buxtoni*	伊朗、土耳其
4	希腊陆龟昔兰尼加亚种	*Testudo*（*Testudo*）*graeca cyrenaica*	利比亚
5	希腊陆龟欧亚亚种	*Testudo*（*Testudo*）*graeca ibera*	阿尔巴尼亚、亚美尼亚、阿塞拜疆、保加利亚、格鲁吉亚、希腊、科索沃、马其顿、摩尔多瓦、罗马尼亚、俄罗斯、塞尔维亚、土耳其
6	希腊陆龟摩洛哥亚种	*Testudo*（*Testudo*）*graeca marokkensis*	摩洛哥
7	希腊陆龟突尼斯亚种	*Testudo*（*Testudo*）*graeca nabeulensis*	利比亚、突尼斯
8	希腊陆龟苏斯亚种	*Testudo*（*Testudo*）*graeca soussensis*	摩洛哥
9	希腊陆龟达米亚亚种	*Testudo*（*Testudo*）*graeca terrestris*	伊拉克、以色列、约旦、黎巴嫩、巴勒斯坦、叙利亚、土耳其
10	希腊陆龟伊朗亚种	*Testudo*（*Testudo*）*graeca zarudnyi*	阿富汗、伊朗、土库曼斯坦

主要特征　背甲高隆，圆形；黄色，有不规则的黑色杂斑纹；臀盾1枚。腹甲黄色，有黑色斑纹。头部黄色，上喙钩形。四肢黄色，股部有硬棘。尾部末端无尾爪。

雌雄识别　性成熟期5年左右。雌龟体型比雄龟大，雌龟尾短；雄龟尾长且粗。

生活习性　栖息于海拔3 000米的低矮灌木干燥地域。草食性，以植物的花、果实和茎叶为主。适宜生活于20～28℃、温暖、通风环境，冬季可自然冬眠。繁殖季节为4—7月，每次产卵2～7枚，可分批产卵。卵长径30～42.5毫米、短径24.5～35毫米。孵化温度26～31℃，孵化期60～96天。

希腊陆龟突尼斯亚种

成龟　　Torsten Blanck

成龟　　Torsten Blanck

希腊陆龟巴克斯顿亚种

希腊陆龟达米亚亚种

成龟腹部　　Markus Auer

雄龟背部　　俞强

雄龟腹部　　俞强

成龟背部　　Markus Auer

雌龟背部　　周峰婷

雌龟腹部　　周峰婷

希腊陆龟欧亚亚种

成龟　Petr Petras

成龟　Petr Petras

雌龟背部　Job Stumpel

雌龟腹部　Job Stumpel

雄龟背部　Job Stumpel

雄龟腹部　Job Stumpel

希腊陆龟亚美尼亚亚种成龟背部　Markus Auer

希腊陆龟亚美尼亚亚种成龟腹部　Markus Auer

埃 及 陆 龟

学　　名　*Testudo（Testudo）kleinmanni* Lortet，1883

英 文 名　Egyptian Tortoise

别　　名　克莱马尼陆龟、克氏陆龟

分　　布　埃及、以色列、利比亚。

埃及陆龟

CITES公约：附录 I

种名词源　*kleinmanni* 源自法国商人 Edouard Kleinmann（1832—1901）的姓氏。1875年，他收集到埃及陆龟的模式标本。

主要特征　体型较小。背甲长小于14厘米，成体重约200克。背甲中央隆起，呈半球形，臀盾1枚，向后扩大，缘盾不向外扩大。腹甲淡黄色，有淡褐色三角形斑块。头部淡黄色，无斑纹。

雌雄识别　性成熟期5～6年。雄龟体小，背甲长不超过9厘米，尾长；雌龟体大，背甲长通常在10～13厘米。

生活习性　生活于半干燥、半干旱的沙漠地域，干旱林地和海岸沼泽也可见。在高温或寒冷季节，躲藏于草丛下或洞穴中，温度17～26℃活动，喜早晚活动，不喜欢阳光直射。草食性，以杂草、根、茎、叶、嫩芽和果实为食。人工饲养条件下，以蒲公英、胡萝卜等低蛋白、低水分、高纤维的植物为主。每年产卵1窝，每窝卵1～3枚。孵化期70～110天。稚龟重6克左右。埃及陆龟是地中海陆龟中最小的陆龟，也是地中海陆龟中最濒危的一种，在埃及野外已难觅踪迹。

成龟

成龟　　吴哲峰

成龟　壹图

臀盾单枚　Torsten Blanck

幼龟背部　Job Stumpel

幼龟腹部　Job Stumpel

幼龟背部　Job Stumpel

幼龟腹部　Job Stumpel

成龟背部（左雌右雄）　周峰婷　　　　　雌龟背部　　Job Stumpel　　　　　雄龟背部　　Job Stumpel

成龟腹部（左雌右雄）　周峰婷　　　　　雌龟腹部　　Job Stumpel　　　　　雄龟腹部　　Job Stumpel

缘 翘 陆 龟

缘翘陆龟

学　　名　*Testudo*（*Testudo*）*marginata* Schoepff，1793

英 文 名　Marginated Tortoise

别　　名　陆龟

分　　布　希腊和阿尔巴尼亚南部。

CITES公约：附录 II

种名词源　*marginata* 源自拉丁语"marginis"，是"有边缘的"意思，指龟的背甲缘盾向外翻卷。

主要特征　地中海陆龟族群中体型最大的一种，背甲长30～35厘米。背甲呈淡黄色，具黑色杂斑块；背甲呈长圆形，隆起较高，后部缘盾向外扩展呈荷叶状（幼龟无此特征）。腹甲淡黄色，每块盾片上具三角形棕黑色斑块。头部黄色，有小黑斑纹，上喙钩形。四肢黄色，股部有硬棘。尾短，尾末端有尾爪。

雌雄识别　性成熟期5～8年。雄龟体型比雌龟大，雄龟的后部缘盾扩展程度比雌龟大。雄龟尾长且粗；雌龟尾短。

生活习性　生活于有低矮树木林区的干燥地域。草食性，以植物茎叶为主食。人工饲养条件下，喜食杂草、莴笋、三叶草、桑叶等。每年6月和7月产卵，可分批产卵。每年产卵1～3窝，每窝卵3～15枚。孵化期60～100天。

成龟　　古河祥

成龟　　Petr Petras

成龟　　Torsten Blanck

雄龟背部　Petr Petras

雄龟腹部　Petr Petras

成龟背部（左雄右雌）

成龟背部　古河祥

成龟背部

成龟腹部（左雄右雌）

成龟腹部（左雌右雄）

雌龟腹部

幼龟背部

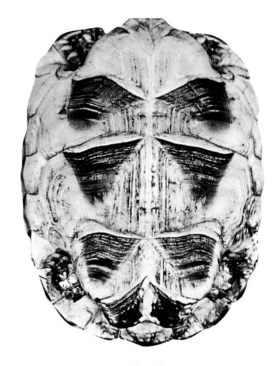

幼龟腹部

幼龟背部

幼龟腹部

幼龟

四 爪 陆 龟

学　　名　*Testudo*（*Agrionemys*）*horsfieldii* Gray，1844

英 文 名　Central Asian Tortoise

别　　名　四趾陆龟、草原龟、旱龟、中亚陆龟

分　　布　哈萨克斯坦、伊朗、阿富汗、巴基斯坦、伊朗等；中国分布于新疆。

种名词源　*horsfieldii* 源自美国博物学家 Thomas Horsfield（1773—1859）的姓氏。

种下分类　5个亚种，大多数分布于中亚的国家。

四爪陆龟

CITES公约：附录 II

四爪陆龟 *Testudo*（*Agrionemys*）*horsfieldii* 的亚种名录

序号	中文名	学　名	分　布
1	四爪陆龟指名亚种	*Testudo*（*Agrionemys*）*horsfieldii horsfieldii*	阿富汗、巴基斯坦
2	四爪陆龟费尔干纳亚种	*Testudo*（*Agrionemys*）*horsfieldii bogdanovi*	吉尔吉斯坦、塔吉克斯坦、乌兹别克斯坦
3	四爪陆龟哈萨克斯坦亚种	*Testudo*（*Agrionemys*）*horsfieldii kazachstanica*	阿富汗、中国、哈萨克斯坦、吉尔吉斯坦、塔吉克斯坦、乌兹别克斯坦、土库曼斯坦
4	四爪陆龟土库曼斯坦亚种	*Testudo*（*Agrionemys*）*horsfieldii kuznetzovi*	土库曼斯坦、乌兹别克斯坦
5	四爪陆龟科佩特亚种	*Testudo*（*Agrionemys*）*horsfieldii rustamovi*	阿富汗、伊朗、土库曼斯坦

主要特征　体型较小。成龟背甲长12～18厘米。背甲长和宽几乎相等，近似圆形，头部、背甲、腹甲呈黄色，有黑色斑纹。腹甲后部无韧带；前、后肢均4爪。

雌雄识别　性成熟期10～12年。人工饲养条件下，性成熟期可提前1～2年。雄龟体型小于雌龟，雄龟体重1 000克左右，雌龟体重超过1 000克。雄龟尾长且粗，尾末端尾爪较长，股部有硬棘；雌龟尾细短，股部无硬棘。

生活习性　生活于海拔700～1 000米的黄土丘陵地区。3—8月为活动季节，温度25℃左右捕食，温度35℃左右进入洞穴夏眠，温度15℃躲入洞穴冬眠。草食性，食植物的茎、叶、花及果实。在野外，食夜葱、芥菜、蒲公英等10多种植物。人工饲养条件下，食白菜、菠菜、韭菜、西红柿、西瓜等瓜果蔬菜。每年4月中旬开始交配，5—8月产卵，每次产卵1～5枚，可分批产卵。孵化期60～120天。

其　　他　大多数陆龟的前肢5爪、后肢4爪。四爪陆龟的前后肢均为4爪，故名。四爪陆龟是国家重点保护名录Ⅰ级。1983年，新疆伊犁州的霍城县建立省级四爪陆龟保护区，对四爪陆龟的栖息地和种群进行保护。1996年5月，保护区晋升为国家级自然保护区，是我国唯一的陆龟保护区。

四爪陆龟指名亚种

成龟背部　　Markus Auer　　　　　　　成龟腹部　　Markus Auer　　　　　　　成龟　　PapaJ 画

四爪陆龟哈萨克斯坦亚种

雌龟腹部　　赵蕙

成龟背部　　赵蕙　　　　　　　　　　　　　　　　　　　雄龟腹部　　古河祥

四爪陆龟头部　　周峰婷

四爪陆龟土库曼斯坦亚种　　葛若雯画

四爪陆龟雌龟腹部

四爪陆龟雄龟腹部

四爪陆龟幼龟背部　　赵蕙

四爪陆龟幼龟头部　　赵蕙

不同年龄的四爪陆龟　　赵蕙

四爪陆龟幼龟腹部　　赵蕙

背甲长10厘米左右的四爪陆龟　　Christoph Fritz

赫 尔 曼 陆 龟

学　　名　*Testudo*（*Chersine*）*hermanni* Gmelin，1789

英 文 名　Hermann's Tortoise

别　　名　陆龟、赫曼陆龟

分　　布　分布于西班牙北部、法国南部及巴尔干地区。

赫尔曼陆龟

CITES公约：附录 II

种名词源　*hermanni* 源自Johann Herrmann（1738—1800）的姓氏。他是法国斯特斯堡（Strasbourg）大学的教授，一种水蛇也以其姓氏命名。

主要特征　小型陆龟，背甲长不超过20厘米。背甲黄色，每块盾片上均有大块黑斑纹；背甲圆形，臀盾2枚或1枚。腹甲黄色，具黑色斑块呈带状。股部无硬棘。

种下分类　有2个亚种，即赫尔曼陆龟指名亚种 *Testudo*（*Chersine*）*hermanni hermanni*、赫尔曼陆龟东部亚种*Testudo*（*Chersine*）*hermanni boettgeri*。

赫尔曼陆龟 *Testudo*（*Chersine*）*hermanni* 的亚种检索

1a　体型较小，背甲颜色偏黄，腹部黑色斑纹相连，胸盾沟短，股盾沟长……………… 赫尔曼陆龟指名亚种 *Testudo*（*Chersine*）*hermanni hermanni*

1b　体型较大，背甲颜色偏深黄色，腹部黑色斑纹不相连，胸盾沟长，股盾沟短 ……… 赫尔曼陆龟东部亚种*Testudo*（*Chersine*）*hermanni boettgeri*

▬ 胸盾沟
赫尔曼陆龟指名亚种

▬ 股盾沟
赫尔曼陆龟东部亚种

雌雄识别　雄龟性成熟期3年左右，雌龟性成熟期至少7年以上。雌龟尾短，尾末端无尾爪，泄殖腔孔圆形，雄龟尾长且粗，尾末端有尾爪，泄殖腔孔延伸拉长呈一条线状。

生活习性　生活于丘陵、山地、土坡等干燥地域。适宜温度20 ～ 30℃，低于18℃冬眠。杂食性，但以食植物为主，以茎、叶为主，有时也捕食蚯蚓、蜗牛等。人工饲养条件下，食白菜、番茄等瓜果蔬菜。每年5—6月为繁殖季节，每年可产卵2 ～ 5窝，每窝卵2 ～ 12枚。孵化期90天左右。

赫尔曼陆龟指名亚种

雌龟腹部

雄龟腹部

成龟背部　Torsten Blanck

成龟腹部　周峰婷

赫尔曼陆龟东部亚种

成龟背部

成龟背部　Petr Petras

成龟背部　Hynek Prokop

成龟腹部（左雄右雌）

成龟背部　Petr Petras

成龟腹部　Hynek Prokop

赫 尔 曼 陆 龟

成龟　古河祥

成龟　古河祥

亚成体

幼龟

稚龟　付石鹏

一群成龟　古河祥

第六章
陆龟养殖

苏卡达陆龟　　周峰婷

一、中国陆龟养殖和贸易状况

（一）中国陆龟饲养繁育发展概况

自殷商时期，我国民间已开始饲养淡水龟。陆龟的饲养大约萌芽于1988年前后。随着中越边境贸易的兴起，东南亚一带的野生动物及其产品从越南、缅甸和老挝等国家进入我国广西、云南的边贸口岸，主要种类以缅甸陆龟、凹甲陆龟和黑凹甲陆龟为主。1997—1998年，对云南的思茅、西双版纳等地区开放口岸的动植物边境贸易调查结果显示，龟类贸易中陆龟种类为凹甲陆龟、缅甸陆龟（原文为"陆龟"）、四爪陆龟。随着我国香港口岸的开放和中国与各国边境贸易的繁荣，以及国际龟类贸易的增加，我国龟类市场的需求量逐渐递增，缅甸陆龟、凹甲陆龟等亚洲陆龟通过多种渠道流入我国广西、云南、广东，再转运至上海、福建等地。上述这些龟一部分作为观赏动物，受到爱好者宠爱而被饲养，并由此形成了我国陆龟驯养的萌芽期；另一部分通过进入商品流通市场，用于食用和药用。

养殖的一群红腿陆龟

2002—2005年，少数爱好者获得凹甲陆龟、苏卡达陆龟、缅甸陆龟、黑凹甲陆龟产的卵，并人工孵化成功，成为我国大陆人工繁育陆龟的开始。2003年，中国台湾在世界上首次繁育成功缅甸星龟。2005年，上海某养殖场开始人工养殖印度星龟幼龟数百只，成为 国内最早批量养殖陆龟的企业。此后，苏卡达陆龟、豹龟、赫尔曼陆龟先后陆续进入我国花鸟鱼市和宠物市场，其中，苏卡

养殖的一群苏卡达陆龟

2016年美国凤凰城爬虫展览上的四爪陆龟
周峰婷

美国爬虫展览上的陆龟　　王生

美国爬虫展览上的陆龟　　王生

达陆龟、红腿陆龟、印度星龟是引进量较多的种类。2005—2009年，通过各种渠道引进的种类和数量逐年增加。远至非洲的马达加斯加群岛放射陆龟和蛛陆龟、非洲的扁陆龟、欧洲的缘翘陆龟和南美的黄腿陆龟；近至缅甸的缅甸陆龟、越南的凹甲陆龟，都可在花鸟鱼市和宠物市场见到，种类多达16种。随着陆龟爱好者的增加。逐渐形成了一个陆龟饲养群体，并出现相关的陆龟网站，传授陆龟的知识和饲养方法。

截至2011年，我国的陆龟规模化驯养繁殖仅局限于海南和广东省少数养殖场。2012—2015年，陆续有少数养龟者和投资者加入陆龟人工繁育行列。至2019年，我国陆龟驯养繁殖更加专业化和规模化，并在海南、广东、广西等地不断发展壮大。

红腿陆龟进口许可证

（二）中国的陆龟贸易状况

进口陆龟是中国陆龟贸易的一部分。以全球陆龟观赏宠物市场来分析，历史上美国、德国、意大利、法国是最大消费国，其次是日本、韩国、中国以及中国香港和台湾地区。其中，欧美国家、日本、中国（含香港和台湾地区）是陆龟进口的需求中心。中国香港和台湾地区除了是陆龟贸易中心外，还是通往亚洲需求的中转供应站。陆龟被从我国香港和台湾地区输入广东省，然后再辐射至其他省（市）。随着陆龟人工繁育产业的迅速发展，中国已经从陆龟需求量较少国家跃升为进口陆龟的主要国家。中国陆龟的进口贸易来源主要是美国、法国、德国、捷克、斯洛伐克、委内瑞拉、苏丹、马里、泰国、越南、老挝、缅甸等国家。这些国家是陆龟主要的供应地。目前，我国各种渠道进口的陆龟贸易中，苏卡达陆龟、红腿陆龟、豹龟、印度星龟、阿尔达布拉陆龟等陆龟种类的引进量较大，其他陆龟较少。

出口陆龟是陆龟贸易的另一个部分。我国出口的龟类动物主要以淡水龟类为主，陆龟出口的种类和数量不及淡水龟。出口

的陆龟种类以苏卡达陆龟、缅甸陆龟等种类为主。随着人工繁育的成功和规模化发展，我国陆龟种类中已有苏卡达陆龟、缅甸陆龟、黑凹甲陆龟等出口　到德国、日本和销售到中国香港和台湾地区。

2005年以前的陆龟　贸易以食用为主。随着生活水平的提高，陆龟作为观赏动物而兴起，在我国的观赏价值已远远高于其食用价值。就消费群体而言，我国陆龟贸易中以观赏宠物消费为主，约占80%，且这一群体未来发展空间较大。目前，国内陆龟的贸易种类主要以苏卡达陆龟、红腿陆龟、缅甸陆龟为主。国内可供应自繁自养的2万多只苏卡达陆龟、1万多只红腿陆龟等种类至国内观赏宠物市场。

（三）中国陆龟驯养的繁育现状

近20多年来，在宠物市场、网店和网站论坛上陆续发现以观赏、宠物、驯养繁育为目的的陆龟种类有22种，其中，中国陆龟3种，国外陆龟19种。目前，国内已规模化驯养的种类以苏卡达陆龟、红腿陆龟、缅甸陆龟等种类为主。可见，中国的陆龟驯养仍以观赏、宠物为目的，而陆龟的驯养种类中，除北美洲的穴陆龟属、珍陆龟属和非洲南部的石陆龟属物种未见饲养外，其他属的陆龟成员均有发现。

目前在中国，以观赏、宠物为目的的人工繁育区域主要分布于中国台湾、香港地区以及北京、上海、天津等城市。在海南、广东、广西、浙江、江苏、辽宁的省会城市及周边城市集中着一批陆龟饲养爱好者。饲养者常以家庭为单位，在阳台、室内以木质饲养箱、塑料饲养箱、庭院进行饲养，饲养面积多在20～40米²。以规模化人工繁育为目的、证照齐全、拥有出口资质的陆龟饲养区域，主要分布于广东、广西和海南3个省（自治区）。近5年以来，海南、广东和广西的龟鳖养殖企业、转型企业以及投资者先后加入规模化驯养繁育陆龟行列，推动了陆龟的规模化驯养繁育发展，我国陆龟规模化驯养繁育进入初级发展阶段。

海南省凭借自身独特的天时地利优势，成为我国开展陆龟规模化驯养繁育的先驱。10多年前，海南省已开展国外陆龟种类的引进工作，是国内扩大驯养繁育陆龟的重要源头和中坚力量，为推动我国的陆龟产业发展做出了重要贡献，现已经成为我国陆龟规模化驯养繁育的理想之地和重点发展区域，也是我国最大、最集中的陆龟规模化驯养繁育基地。截至2019年年底，海南省已饲养苏卡达陆龟成龟3000～4000只、亚成体2000～3000只、幼龟2万多只，每年可繁殖龟苗1.8万～2万只；红腿陆龟成龟2000～3000只，年繁殖龟苗2万～3万只。

广东省是我国最早将陆龟作为观赏宠物饲养的省份。2006年，广东韶关一陆龟养殖场开展了陆龟规模化驯养试验，于2011年成功繁育苏卡达陆龟100多只，2012年又繁殖龟苗达1000只。陆龟人工繁育的发展之际正是广东企业转型之时，一些欲转型企业经过调研考察后，转型于驯养繁育苏卡达陆龟等陆龟。

2013年开始，广西有少　量饲养者涉足饲养苏卡达陆龟幼龟和亚成体、红腿陆龟。2015年，柳州某养殖企业引进苏卡达陆龟成龟7只和30只幼龟饲养，繁殖龟苗39只，成为广西首家合法驯养繁育陆龟的企业。

驯养的苏卡达陆龟

人工繁殖的苏卡达陆龟

根据调研，中国香港和台湾地区无专门的陆龟人工繁育场，陆龟主要被一些爱好者饲养繁殖，以苏卡达陆龟、红腿陆龟、豹龟、赫尔曼陆龟、阿尔达布拉陆龟等为主。一些陆龟种类有少量繁殖，如苏卡达陆龟、红腿陆龟、黑凹甲陆龟、缅甸星龟等。

截至2019年年底，我国驯养繁育的陆龟种类中，苏卡达陆龟的存栏量和年繁殖量均位居第一，为观赏性饲养和规模化驯养繁育的主要对象，是陆龟饲养繁育的代表种类，也是现阶段驯养量最大、繁育量最多、爱好者最追捧的种类。红腿陆龟名称中的"红"字，符合中国人以红色代表吉祥、喜庆的理念，故深受养龟者和爱好者喜欢，加之红腿陆龟体型小、体色艳丽、互动性强，市场需求量大，引起了投资者重视，从而致使其存栏量和年繁殖量仅次于苏卡达陆龟。豹龟在陆龟种类中驯养繁育量位居第三。缅甸陆龟是陆龟种类中较早被饲养的种类，但因其饲养技术尚未完全成熟，成活率低，产卵量每次3～7枚，故饲养规模不及苏卡达陆龟和红腿陆龟发展快。阿尔达布拉陆龟是存栏量中较少的种类，因其性成熟期长达20～30年，故繁殖量略少，亚成体和幼龟被饲养居多。

（四）中国陆龟产业的发展趋势

1.陆龟产业的人工繁育种类趋于多样化　陆龟性情憨厚温和，与饲养者互动性强，饲养陆龟已成为人们休闲生活的一部分。当前，观赏宠物市场中常见的陆龟种类主要有苏卡达陆龟、红腿陆龟、豹龟、缅甸陆龟、阿尔达布拉陆龟、印度星龟，其余陆龟种类市场供应量较少。目前，欧美等国家和日本、中国是陆龟的主要消费国家。苏卡达陆龟、红腿陆龟等种类是国际观赏宠物陆龟市场的主流种类，需求量逐年递增。此外，产于亚洲的缅甸陆龟、黑凹甲陆龟、四爪陆龟等一直是欧美等国家喜爱且需求量较多的种类，但是全球范围内缅甸陆龟和黑凹甲陆龟繁育量较少，国际陆龟市场势必将随着市场供求关系变化而发生改变。由此可见，陆龟产业的人工繁育种类正趋于多样化发展。

2.陆龟产业链不断延伸，附加值不断增加　陆龟产业链是指以驯养繁育生产为基础，集饲料、器材、销售、疾病治疗、药物、旅游等要素为一体的新兴产业。陆龟产业具有广泛的产业关联性，除种苗、饲料和药品产业以及救护繁育需求外，还涉及饲养繁育技术指导、饲养　器材、繁育材料、设备装配、运输包装、旅游和休闲等外围产业，产业链辐射面广。此外，陆龟产业还可向旅游、休闲度假等户外观光领域拓深延展，向陆龟养殖技术和陆龟高科技深加工衍生产品等价值链高端延伸。

3.陆龟产业贸易走向国际市场　陆龟的发展趋势以观赏宠物市场为主，贸易市场覆盖国内外，市场需求量大。我国目前以国内市场贸易为主，随着规模化驯养繁育的不断发展，在不久的将来，我国的陆龟贸易必然走向国际陆龟市场，参与国际陆龟市场的竞争。中国的劳动力价格低于国外的劳动力价格，在国内开展陆龟的驯养繁育更具优势。因此，我国有可能成为驯养繁育陆龟的大国，是国际陆龟市场的主要供应国，开拓国外市场刻不容缓。陆龟作为观赏宠物已进入人们的视线，驯养陆龟的社会群体有老人和小孩，可谓老少皆宜。开展陆龟人工繁育，可增加人工种群数量和资源量，不但可以满足日益递增的观赏宠物龟市场需求，而且对保护陆龟野生资源具有明显的社会价值。基于此，陆龟产业多样化、规模化、市场化，是未来陆龟产业发展的必然趋势。陆龟产业将面临着良好的发展机遇，是林业、农业经济发展新的增长点。

二、龟舍建造与布局

（一）陆龟饲养模式

陆龟饲养模式通常分为室内、室外两种。饲养者应依据自身拥有的自然条件、时间、精力等情况，选择适合自己的饲养方式。

1.室内饲养　将龟饲养于木箱、塑料箱、PVC板箱、纸箱等容器内，放置在室内饲养的方式。饲养箱可立体布置，扩大空间利用。室内饲养通常以幼龟、小型陆龟为主。根据所饲养种类的生活习性，模拟野外环境的布置造景。如饲养扁陆龟，饲养箱内应放置石块，并搭建石缝、洞穴，供龟躲藏；如饲养喜阴暗、温暖湿润的黑凹甲陆龟等陆龟，饲养箱内应定时喷雾，减少光照。大多数陆龟喜暖怕寒，饲养箱内加热设备不可缺少。如饲养陆龟属的成员，冬季不需要加温，保证环境湿润即可。陆龟有饮水需求，饲养箱内放置浅水盆必不可少。规模化饲养或暂养幼体苏卡达陆龟等种类，饲养密度可适当密集。为提高陆龟的观赏性和饲

立体式塑料饲养箱　　　　　立体式木质饲养箱　　　　立体式PVC板饲养箱　　　立体式PVC板饲养箱

立体式塑料饲养箱　　　立体式封闭饲养箱　　　　　立体式饲养箱　　　　立体式塑料饲养

立体式塑料箱　　　　　立体式塑料箱　　　　　温室饲养环境　　　　凹甲陆龟饲养箱　　Torsten Blanck

凹甲陆龟饲养池　　古河祥　　　放射陆龟幼龟饲养箱　锯齿石陆龟饲养环境　　Victor Loehr　　　　蛛陆龟饲养箱

埃及陆龟饲养环境　　　帐篷石陆龟饲养环境　　　赫尔曼陆龟饲养环境　　　苏卡达陆龟幼龟饲养环境　　　扁陆龟饲养箱内的石缝

扁陆龟饲养环境　　　水泥池饲养箱　　Petr Petras　　塑料饲养箱　　　　陆龟饲养箱　　元喆禄

全自动控温控湿饲养箱　　元喆禄　　　全自动控温控湿饲养箱　　　木板饲养箱

元喆禄

养箱美观，以及饲养过程中操作可控和方便，全自动控温控湿控光照全智能高分子材料龟箱应运而生，饲养箱内的温度、湿度和光照均可控制，箱内可直接冲洗，方便清理残留食物和污物。

2.室外饲养　利用露台、房前、屋后庭院饲养陆龟，通常以幼龟、亚成体、成龟为主。围栏形式多样，龟数量少，可直接用木板、隔离网等材料制作隔离围栏。环境布置以南北向适宜，需配置饮水盆、饵料盆（板）、泡澡池、龟窝。冬季还应在龟舍内增加加热设备，如饲养体重100～500克的幼龟，还应考虑到防鼠、防蚁。

亚成体和成龟的围栏因龟体型大，围栏应用瓷砖、木栅栏、PVC管等材料。龟舍内需龟窝，供龟躲藏、遮阳、避寒。龟窝面朝南，有窗对开，保证通风。

苏卡达陆龟饲养环境

红腿陆龟饲养环境

苏卡达陆龟饲养环境　　　　放射陆龟饲养环境　　　　　　苏卡达陆龟饲养环境

放射陆龟饲养环境　　　缘翘陆龟饲养环境　　　　缘翘陆龟饲养环境　　　　缘翘陆龟的洞穴　　　　黑凹甲陆龟饲养环境

放射陆龟围栏　　William Ho

阿尔达布拉陆龟饲养环境　　Torsten Blanck

阿尔达布拉陆龟饲养环境

赫尔曼陆龟幼龟饲养环境

赫尔曼陆龟幼龟饲养环境

木质梯形龟窝，供龟躲藏

石块搭建的龟窝

陶盆、胶桶加工的龟舍、龟窝

木质"人"字形龟窝

木质温房　　William Ho

木质"人"字形顶龟窝

木质双"人"字形顶龟窝

缘翘陆龟冬眠环境

冬季玻璃温房

冬季水泥温房

冬季龟舍的门帘

冬季水泥温房

（二）规模化饲养陆龟龟舍

　　亚成体或成龟的龟舍通常是直接在陆地上用砖砌，木棒、瓷砖、水泥板等各种材料做围栏，隔离出长方形、正方形等形状。龟舍内需要有沙、黏土（土质疏松，龟挖掘后不易形成洞穴）以及土堆（苏卡达陆龟有挖洞习惯），也可栽种草坪；龟舍内栽种芙蓉、桑树等植物，即可遮阳。桑树叶、芙蓉花也可作为陆龟食物，植物的底部用轮胎、PVC管保护，防止陆龟啃食。活动和食台区域可铺垫砖块或铺水泥，便于清理残饵和污物。室外区域可安装喷雾装置，起到降温增湿的作用。

铁丝网围栏

水泥板围栏

木棍围栏

水泥板围栏

木棒围栏

砖砌围栏　　　　　　砖砌围栏

红腿陆龟龟舍布局

苏卡达陆龟龟舍布局

苏卡达陆龟龟舍布局

黑凹甲陆龟龟舍　　周昊明

苏卡达陆龟龟舍布局

苏卡达陆龟龟舍布局

黑凹甲陆龟龟舍布局

黑凹甲陆龟龟舍布局

阿尔达布拉陆龟龟舍

植物底部用轮胎保护

水泥板食台

食台加高后兼做休息区

植物底部用PVC管保护

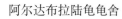

阿尔达布拉陆龟龟舍

阿尔达布拉陆龟

喷雾装置

饮水池（泡澡池）大小因地制宜，圆形、方形均可，中间深、四周浅，似锅底状。最深处通常不超过龟壳高度，池深通常为20～40厘米。体型小的红腿陆龟、缅甸陆龟的饮水池，可直接用浅盆替代。排灌系统方便，便于清理打扫，排水口应有溢水口。

圆形饮水池

饮水池

方形锅底饮水池

椭圆形饮水池

饮水池的溢水口

浅盆饮水

　　龟窝宜采用保温隔热坚硬的木板、PVC板等材料，表面应光滑平整，长方形等多种形状，南北向，四面有窗。龟窝内铺垫沙土，黑凹甲陆龟应铺垫树叶或沙土混合，供其产卵。龟窝内应具备冬季增加防寒保温和夏季防暑降温的设施。龟窝内铺垫沙土，厚度为25 ～ 30厘米。

木质龟窝

铁皮龟窝和休息区

砖砌龟窝

水泥管龟窝

铁皮龟窝

泡沫板龟窝

黑凹甲陆龟龟窝内铺垫树叶

砖砌的龟窝

100克以下的幼龟通常饲养在室内，100克以上的幼龟可在室外饲养。室外规模化饲养龟舍，多数为露天或半开放型。围栏可用木板、丝网、砖块等，放置饮水盆，食物直接投喂。夏季应搭建遮阳棚。

红腿陆龟幼龟饲养环境　　Matias Yang

红腿陆龟幼龟饲养环境　　Matias Yang

苏卡达陆龟幼龟饲养环境

红腿陆龟亚成体饲养环境　　魏鸿仁

三、陆龟食物与投喂

（一）陆龟食物种类

大多数陆龟的食性为草食性，即植物性。陆龟以各种植物为食物，各种牧草，菊科植物，莴苣、空心菜和甘薯叶等蔬菜，草莓、木瓜、西瓜等瓜果，仙人掌类，桑树叶和葡萄叶等植物，都是陆龟很好的食物；黑凹甲陆龟偏爱蘑菇、平菇等。缅甸陆龟、红腿陆龟、苏卡达陆龟等少数种类的食性是以草食性为主，也捕食一些肉食性食物，如小昆虫、蠕虫和动物死尸。随着人工饲养陆龟的兴起，陆龟的配合饲料应运而生，配合饲料通常为颗粒状。

牧草　　　　　　　　仙人掌　　　　　　　凹甲陆龟吃蘑菇　古河祥　　缘翘陆龟啃食杂草

苏卡达陆龟吃树叶　　　　　　　　　　　苏卡达陆龟吃南瓜　　　苏卡达陆龟吃树叶

阿尔达布拉陆龟吃莴笋　　苏卡达陆龟吃甘薯叶

四爪陆龟吃包菜　　William Ho　　　　陆龟吃番茄　　　　　　　　　红腿陆龟吃菜叶

印度星龟吃扶桑花　　　　　　　　　陆龟吃西瓜　　　红腿陆龟吃菜叶

黑凹甲陆龟吃木瓜和空心菜　　　　　陆龟吃木瓜　　　　　　　黑凹甲陆龟吃配合饲料　　周昊明

（二）食物加工

陆龟的新鲜食物投喂前应清洗加工，待食物上的水晾干后再投喂。如果是确定没有喷洒农药的植物，可以直接采摘后投喂。规模化饲养陆龟，投喂的牧草等新鲜植物切割压碎后投喂，可有效减少食物的损耗。

苏卡达陆龟幼龟吃生菜叶

幼龟吃花

食物加工

切碎后投喂的菜叶

（三）投喂

投喂食物前应观察环境温度，通常环境温度低于23℃，停止投喂。每次投喂的食物种类以多样性为宜，叶菜类、瓜果、根茎类等搭配投喂。苏卡达陆龟、缅甸陆龟等少量捕食动物性的种类，可每月投喂1次。另外，陆龟人工配合饲料因含各种营养物质，且比例合理，可与新鲜食物搭配混合后投喂。

饲料直接放置在食台、食盘（板）或喂食器，也可悬挂在空中；规模化饲养陆龟，食物放置在固定的食物围栏或喂食器中，避免陆龟争抢食物，减少食物损耗。投喂后应观察陆龟的捕食情况，可及时发现陆龟的健康状况。喂食后1小时观察饵料的剩余状况，第二天及时调整投喂量。投喂幼龟的植物，宜切碎后投喂。幼龟食物中应定期添加钙粉和复合维生素，避免龟壳出现软壳等症状。对一些不熟悉的野草、野花等植物应谨慎投喂。此外，幼龟投喂量过多，龟背甲易长成畸形，形成宝塔状，同时，也将出现营养代谢不良等症状。

喂食器　　高继宏

悬挂食物投喂

瓜果混合搭配

正在吃空心菜的苏卡达陆龟　　固定喂食围栏

钙粉直接撒在食物上　　墨鱼骨直接放入　　高继宏

四、陆龟日常管理

（一）温度和湿度管理

陆龟生活环境的温度和湿度不同，可将陆龟分为5种类型：

1.高温干燥型　以苏卡达陆龟、豹龟、铰陆龟属的部分成员为代表。生活环境为干燥草原、灌木、荒地等热带干燥的环境，环境温度通常在30℃左右，有时昼夜温差达10℃。苏卡达陆龟擅长挖掘洞穴，用于夏季躲藏高温。

2.高温潮湿型　以缅甸星龟、印度星龟、红腿陆龟、黄腿陆龟、印支陆龟属成员、阿尔达布拉陆龟和铰陆龟属部分成员为代表。生活环境为热带森林、热带雨林和湿地等高温潮湿的环境，栖息地环境温度昼夜变化大。

3.低温湿润型　以黑凹甲陆龟为代表。环境温度为25℃左右，喜阴暗湿润，惧阳光直射，喜阳光散射。

4.干燥沙漠型　以穴陆龟属成员为代表。生活环境为干燥的沙漠、荒地草原等，它们还喜欢挖掘洞穴躲藏。

5.温暖湿润型　以陆龟属大多数成员为主，以及挺胸陆龟、扁陆龟均属此类型。生活环境为四季分明、温暖湿润的区域，冬季可在洞穴中自然冬眠。

温度和湿度是陆龟生存环境的重要因素，直接影响到陆龟的健康状况。日常的温度和湿度管理，应遵循陆龟的原生地，通过加温、加湿、洞穴等方法，满足陆龟对温度和湿度的需求。通常陆龟环境温度25 ~ 32℃较适宜。

苏卡达陆龟躲藏在洞穴中

苏卡达陆龟饮水泡澡

（二）光照

光照是陆龟生活中不可缺少的条件。大多数陆龟均属昼出夜睡习性，陆龟晒太阳获取体温，增加活动量。但黑凹甲陆龟、凹甲陆龟等少数种类喜阴暗湿润的环境，因此，黑凹甲陆龟生活环境以阴暗凉爽为主，喜阳光透过树叶缝隙折射入龟舍内。室内饲养的陆龟，可通过UVB等灯管照射获得光照。

（三）水

尽管陆龟生活于陆地，但是对水也有一定的需求，通过食物和饮水得到补充。故应在龟舍内放置饮水盆，建饮水池；苏卡达陆龟等种类喜泡澡，饮水池也兼做泡澡池。饮水池应长期保持有水，并经常更换。对一些干燥型陆龟，间隔一段时间放置水，以保持干燥环境。

（四）泡澡

下雨时，缅甸陆龟、阿尔达布拉陆龟等都喜欢在雨中爬行。泡澡增加肠蠕动，可促进龟排粪便。种龟和亚成体经常爬入水池或泥沙浆中泡澡。人工饲养的幼龟需人工泡澡，水温30℃左右，水位与幼龟甲壳高度一致，浸泡20～30分钟。泡澡后，将龟壳擦干后放入30℃环境温度。

陆龟的日常管理，还包括清理卫生、检查和记录。清理卫生是指清理残饵、粪便和饮水盆；检查龟舍的设施、环境、龟健康状况，发现陆龟嗜睡、爬行困难、流鼻液等异常症状，应及时处理或隔离；此外，日常的管理记录包括气温、喂食状况、水池清理、产卵状况等。

泥浴　　壹图　　　　　　　　　　　　　　　　　　泥沙浆浴

五、陆龟繁育与孵化

　　繁殖是所有生命都有的基本现象之一，是生物传宗接代的主要方式，也是生命的延续。陆龟是通过两个雌雄生殖器的接触、交媾而达到繁衍目的。陆龟繁衍方式脱离了水体的限制，将卵直接产于不同的陆地环境里。陆龟繁殖行为包括求偶和交配、筑巢产卵、孵化等。

苏卡达陆龟雄龟打斗

苏卡达陆龟雄龟打斗　　陈伟岗

苏卡达陆龟雄龟打斗

苏卡达陆龟追逐

豹龟追逐

苏卡达陆龟交配

豹龟交配　壹图

苏卡达陆龟挖洞穴

赫尔曼陆龟交配　古河祥

（一）求偶和交配

　　大多数陆龟的雄龟体质健壮，体型比雌龟大，如苏卡达陆龟、黑凹甲陆龟等种类；也有一些种类的雄龟体型比雌龟小。有些种类的雄龟体色比雌龟更鲜艳，以吸引雌龟。陆龟交配前，雄龟之间有打架决斗现象，一只雄龟撕咬另一只雄龟颈部和头部，并用喉盾互相撞击对方颈部，严重者颈部被刺穿而亡。胜者雄龟追逐雌龟交配。雄龟以追逐雌龟、在雌龟前方阻止前进的行为，向雌龟发出求偶信号。交配季节通常为9—10月，但因种类不同、分布地域不同而有差异。在海南，苏卡达陆龟9月开始交配。陆龟的交配都在陆地完成，雌龟同意交配后，雌龟停止爬动，雄龟爬到雌龟背上，前肢勾住雌龟背交配。交配过程中，有些雄龟发出"吼吼吼""吱吱吱"的叫声，交配时间20～40分钟。

正在产卵的苏卡达陆龟　　陈伟岗

苏卡达陆龟产卵　　陈伟岗

黑凹甲陆龟卵产于
树叶堆

苏卡达陆龟卵
　　陈伟岗

红腿陆龟卵

凹甲陆龟卵

赫尔曼陆龟卵
　　付石鹏

缅甸星龟卵　　Willam Ho

（二）筑巢产卵

　　陆龟是卵生动物，雌雄陆龟交配后当年或翌年产卵。雌龟都是在陆地上筑巢，筑巢产卵时间因地域、种类不同存有差异。产卵通常发生在夜间或凌晨。大多数种类雌龟先挖洞穴，洞穴呈口大、底小的锅底状，洞穴深达30厘米以上。雌龟将卵产于洞穴中，用沙、土等材料掩埋后离开。黑凹甲陆龟将卵产于树叶堆中，然后用树叶掩盖；也可产于松软的沙土中。陆龟卵通常为圆形、短椭圆形、长椭圆形。卵白色，硬壳，产卵量1～50枚不等，有些种类每年可多次产卵。卵直径25～30毫米，卵重20～60克。卵无须雌龟守护和孵化，借大自然的温度和湿度，经过70～200天后，稚龟用卵齿啄破（或前爪敲）卵壳逐渐爬出，最后爬出巢穴。

（三）孵化

收集黑凹甲陆龟卵

　　陆龟产卵掩埋后，需要人工收集龟卵，将龟卵移入孵化室孵化。收集龟卵前，需准备塑料盆、木箱等容器。容器内铺垫湿润蛭石或沙土，将龟卵逐步移入容器内。取龟卵时，勿翻转转动龟卵，轻拿轻放。有些表面出现略微凹陷的龟卵，宜单独孵化。

　　孵化是指动物在卵内完成胚胎发育后破壳而出的现象。陆龟卵的孵化，需借助介质、温度和湿度完成。

　　1.介质　介质是指孵化过程中存放龟卵的物质，通常以蛭石、沙土、椰糠居多。蛭石具有保温、保湿的优势，是首选使用的介质之一。介质使用前需要调配，每500克蛭石加350克水，充分搅拌拌匀，放置容器中覆盖薄膜，防止水分蒸发，便于随用随取。

　　2.孵化容器　塑料箱、木箱、泡沫箱等均可。

　　3.其他工具　油漆刷、盆、孵化箱、温度计、湿度计、喷壶。

　　4.温度　保持环境温度23～32℃，通常以28～32℃适宜。有些种类的孵化过程中需要温差，如缅甸星龟的孵化过程中，卵需要经过不同的孵化温度；有些陆龟的性别是温度依赖型性别决定（TSD），其胚胎的性别由孵化的环境温度决定。如沙漠穴陆龟孵化温度低于31.3～31.8℃时，龟性别为雄性；孵化温度高于31.3～31.8℃时，龟性别为雌性。印度星龟孵化温度31.5℃时，龟性别为雌性；孵化温度29～29.5℃时，龟性别为雄性。

　　5.湿度　湿度保持在70%～75%。定期检查湿度，湿度以手捏成团、松开即散为宜。湿度调节，可采用洒水、覆盖薄膜等方式。

刚出壳的稚龟　　　　　　　　　　　　　　　　　覆盖薄膜　　　　　苏卡达陆龟的受精卵

　　　　　　　　　　　　　　　　　　　　　　　排放龟卵　　　　　收集稚龟

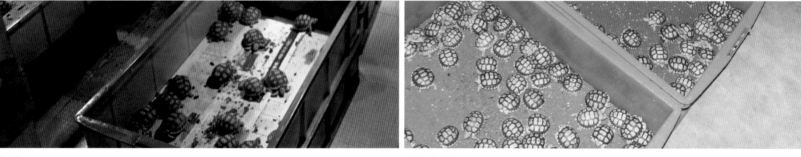

暂养　　　　　　　　　　　　　　稚龟暂养

　　6.**孵化期**　不同种类的孵化期差异较大，通常为70～250天。自然孵化的孵化期长，人工孵化的孵化期相对较短。

　　7.**孵化方法**　孵化箱内铺垫潮湿的蛭石3～5厘米，将卵平移入孵化箱。卵与卵间隔1～2厘米，然后覆盖蛭石2～4厘米；最后在蛭石上覆盖一张略小于孵化箱平面的薄膜，薄膜起到保温保湿的作用。孵化早期，每隔7～10天检查龟卵，用油漆刷轻轻刷去蛭石，露出半个龟卵。如发现卵有霉斑、异味等异常，应拿出龟卵；受精卵的表面颜色呈乳白色，也可采用照卵器或手电筒，从龟卵下方或一侧照射，卵壳内可看到血丝即为受精卵。陆龟卵壳厚，发育缓慢，有些种类的受精斑不明显，有的种类需孵化30多天后才出现受精斑。陆龟卵不像水龟类卵孵化3～7天出现受精斑，故孵化过程中应耐心和谨慎。

　　8.**稚龟暂养**　稚陆龟出壳前用卵齿啄破卵壳，头、四肢逐渐伸出壳外，直至完全出壳。卵黄囊未完全吸收（俗称大肚子）的龟应放置在孵化箱内，卵黄囊已吸收的龟移入暂养箱内。环境温度保持28～30℃，暂养箱内铺垫报纸、垫材等。投喂食物后，稚龟的卵齿逐渐脱落。

第七章
陆龟繁育和
经营利用备忘录

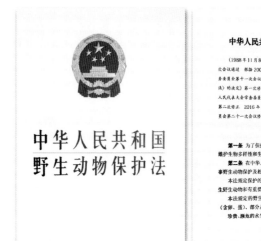

中华人民共和国野生动物保护法

一、陆龟人工繁育许可证的办理

（一）法律规定

根据《中华人民共和国野生动物保护法》（以下简称《保护法》）第二十五条规定，有关科学研究机构因物种保护目的人工繁育国家重点保护野生动物的，无需申请国家重点保护野生动物人工繁育许可证。除此之外，从事人工繁育国家重点保护野生动物活动的，均应当申请并取得国家重点保护野生动物人工繁育许可证。

因此，国家重点保护野生动物，包括依法经国务院野生动物保护主管部门核准为国家重点保护野生动物的非原产于我国的国际公约（CITES）附录物种，其人工繁育活动应当申请国家重点保护野生动物人工繁育许可证。

对于非国家重点保护野生动物和地方重点保护野生动物，该法第四十一条规定，由省（自治区、直辖市）人民代表大会或者其常务委员会制订管理办法，即地方性法规。因此，这部分野生动物的人工繁育活动是否采用许可制度，即是否需要申请人工繁育许可证，取决于各省（自治区、直辖市）有关地方性法规的具体规定。通常，各省（自治区、直辖市）的地方性法规都规定人工繁育地方重点保护野生动物的，应当申请人工繁育许可证。此外，部分省份还明确规定了人工繁育"国家保护的有重要生态、科学、社会价值的陆生野生动物"（以下简称"三有动物"），也需要申请人工繁育许可证，如内蒙古、江西、安徽、甘肃省（自治区）等。综上，有关非国家重点保护野生动物的人工繁育活动，需要遵守各省（自治区、直辖市）的具体规定。

（二）人工繁育许可证的申请

除国务院对审批机关有特殊规定的物种外，国家重点保护野生动物，不论保护级别为一级还是二级，其人工繁育许可均由各省（自治区、直辖市）人民政府野生动物保护主管部门批准。申请人需要向人工繁育活动所在地的省级野生动物保护主管部门或其授权机构申请人工繁育许可证。人工繁育《国家重点保护野生动物名录》所列陆龟的，应当向所在地省级林业和草原主管部门或其授权机构申请人工繁育许可证。人工繁育非国家重点保护陆龟的，应当依照所在地省（自治区、直辖市）的规定办理。

目前，针对2016年7月2日修订后的《中华人民共和国野生动物保护法》出台实施办法的省份，多数均规定地方重点保护野生动物的人工繁育活动，由地、州、市级野生动物保护主管部门审批；"三有动物"的人工繁育活动，则都由县级野生动物保护主管部门审批。因此，开展相应物种的人工繁育活动，需要根据各地的具体规定提出申请。

海南省陆生野生动物驯养繁育许可证

有关人工繁育许可证的申请材料和办事流程，可通过各地野生动物保护主管部门即审批机关的网站或公共服务平台查询。

《保护法》规定，人工繁育国家重点保护野生动物应当使用人工繁育子代种源，建立物种系谱、繁育档案和个体数据。所谓子代种源，是指人工控制条件下繁殖出生的子代个体，其亲本也在人工控制条件下出生，即至少属于人工繁育的子二代。因物种保护目的确需采用野外种源的，适用该法第二十一条和第二十三条（有关特许猎捕）的规定。因此，人工繁育国家重点保护级别的陆龟，应当使用人工繁育的子代种源。

二、陆龟的出售、购买和利用

根据《保护法》第二十七条规定，因科学研究、人工繁育、公众展示展演、文物保护或者其他特殊情况，需要出售、购买、利用国家重点保护野生动物及其制品的，应当经省（自治区、直辖市）人民政府野生动物保护主管部门批准，并按照规定取得和使用专用标识，保证可追溯，但国务院对批准机关另有规定的除外。因此，凡是出售、购买、利用国家重点保护陆龟的，均应向所在地省级人民政府野生动物保护主管部门或其授权机构申请行政许可，获得行政许可决定书后方可按照批准的方案开展出售、购买、利用等经营利用活动。

为保证可追溯，该法还规定上述野生动物及其制品，要按规定取得和使用专用标识，保证可追溯。所谓"规定"，包括标识管理办法和标识范围等标识管理的配套制度，均由国务院野生动物保护主管部门及其授权的机构制定。凡是被列入标识范围的陆龟，可以并且必须加

准予行政许可决定书

载专用标识后方可进行市场交易和利用，凭专用标识在境内流转。未被列入标识范围的陆龟，则无法加载专用标识，其每一次的出售、购买、利用活动，仍然需要依照程序申请行政许可。

该法规定，出售、利用非国家重点保护野生动物的，应当提供狩猎、进出口等合法来源证明。所谓合法来源证明，还包括人工繁育许可证。由此可见，人工繁育单位和个人在人工繁育活动中，应自觉建立清晰、准确、科学、有序的人工繁育谱系和个体档案。建立和完善野生动物人工繁育档案，不但可以促进繁育管理的规范化、科学化，也可以给经营利用审批工作提供有效的核实依据，提高审批效率。

三、陆龟的运输、携带和寄递

根据《保护法》第三十三条规定，运输、携带、寄递国家重点保护野生动物及其制品，以及《人工繁育的国家重点保护野生动物》名录所列野生动物及其制品出县境的，应当持有相应的许可证、批准文件的副本或者专用标识，以及检疫证明。运输非国家重点保护野生动物出县境的，应当持有狩猎、进出口等合法来源证明，以及检疫证明。现行的保护法取消了自1989年起实行的国家重点保护野生动物跨县境运输证管理，但保留了跨县境运输需要合法凭证的要求。换言之，野生动物跨县境运输、携带、寄递虽然不再申请运输证，但并非无条件开展，而是仍然需要具备野生动物及其制品的合法来源凭证。同时，还增加了检疫的要求。对此，该法还设定了违反相应规定应当承担的法律责任。该法第四十八条规定，违反第三十三条第一款规定，未经批准，未取得或者未按照规定使用专用标识，或者未持有、未附有人工繁育许可证、批准文件的副本或者专用标识，出售、购买、利用、运输、携带、寄递国家重点保护野生动物及其制品或者《人工繁育国家重点保护野生动物名录》所列野生动物及其制品的，由县级以上人民

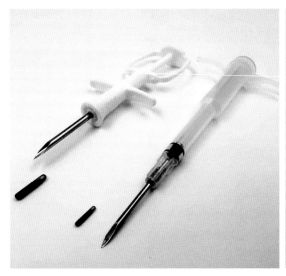

芯片和注射器　黄松林

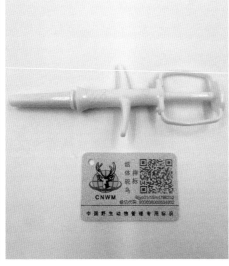

标识　黄松林

芯片　黄松林

政府野生动物保护主管部门或者工商行政管理部门按照职责分工没收野生动物及其制品和违法所得，并处野生动物及其制品价值二倍以上十倍以下的罚款；情节严重的，吊销人工繁育许可证、撤销批准文件、收回专用标识；构成犯罪的，依法追究刑事责任。

违反该法第三十三条第二款规定，未持有合法来源证明，出售、利用、运输非国家重点保护野生动物的，由县级以上地方人民政府野生动物保护主管部门或者工商行政管理部门按照职责分工没收野生动物，并处野生动物价值一倍以上五倍以下的罚款。

违反该法规定，出售、运输、携带、寄递有关野生动物及其制品未持有或者未附有检疫证明的，依照《中华人民共和国动物防疫法》的规定处罚。

四、陆龟的进出口

按照《保护法》第三十五条规定，进出口我国缔结或者参加的国际公约禁止或者限制贸易的野生动物及其制品，出口国家重点保护野生动物或者其制品的，应当经国务院野生动物保护主管部门或者国务院批准，并取得国家濒危物种进出口管理机构核发的允许进出口证明书。依法实施进出境检疫。海关凭允许进出口证明书、检疫证明，按照规定办理通关手续。

该法第三十七条规定，从境外引进野生动物物种的，应当经国务院野生动物保护主管部门批准。从境外引进非国际公约禁止或限制贸易的陆生野生动物外来物种，也应当经国家林业和草原局的审批。

从国外进口的苏卡达陆龟　　　周峰婷

综上所述，凡是进出口CITES附录Ⅰ、附录Ⅱ所列的野生动物及其制品，出口国家重点保护野生动物及其制品，以及从境外引进我国没有自然分布的野生动物物种的，均应经国务院野生动物保护主管部门批准。以陆生野生动物为例，国家林业和草原局均公告了有关行政许可申请的办理要求。申请主体包括公民、法人和其他组织，即单位和个人。

（一）申请出口国家重点保护的或进出口国际公约限制进出口的陆生野生动物或其产品提交材料

（1）《野生动物保护管理行政许可事项申请表》。

（2）证明申请人和委托代理人身份的有效文件或材料；代理关系证明；进出口合同或协议；以及从事相关活动的背景材料或年度报告。

国家林业和草原局网站

（3）内容包括目的、内容、时间、期限、地点、技术路线、组织方式、权益分配方式等的工作方案或证明。

（4）证明野生动物或其产品来源的有效文件或材料（①出口国家重点保护或公约附录所列野生动物产品的，申请人需提供合法购买、人工繁育、执法查没、特许猎捕或其他有效合法来源证明；出口公约附录Ⅰ和附录Ⅱ野生动物活体的，需提供合法人工繁育、谱系档案、执法查没证明。②进口国际公约限制进出口的陆生野生动物或其产品的，申请人需提供外方出具的允许进出口证明书、产地证明或其他合法有效的来源证明）。

（5）野生动物或其产品说明，包括出口活体的，符合标识标记管理规定；进出口产品的，应说明产品规格、数量、成分、构成等。

（6）引进野生动物活体人工繁育条件、资质证明和安全防范措施的说明材料。

（7）马戏团携国际公约限制进出口的陆生野生动物来华表演的，还需提交表演活动所在地省级林业主管部门的同意函。

（二）申请从境外引进陆生野生动物外来物种提交材料

（1）申请报告、进出口申请表及进口目的的说明。

（2）当事人签订的合同或者协议，属于委托引进的，还应当提供委托代理合同或者协议。

（3）证明具备与引进陆生野生动物外来物种种类及数量相适应的人员和技术的有效文件或者材料，以及安全措施的说明。

（4）申请首次引进境外陆生野生动物外来物种的，申请人还应当提交证明申请人身份的有效文件和拟进行隔离引种试验的实施方案。

有关行政许可的申请流程和具体要求，详见国家林业和草原局网站的"行政审批"专栏（http://www.forestry.gov.cn）。

五、关于野生动物经营利用许可证

在国家层面，《保护法》及其现行的保护实施条例并未规定从事野生动物经营利用活动要取得"野生动物经营利用许可证"，有关省（自治区、直辖市）为了贯彻1989年实施的《保护法》，落实对野生动物经营利用活动的市场监管，大多通过地方性法规设定了野生动物经营利用许可制度，这项制度对于从事野生动物经营利用活动的市场主体设定了准入门槛。长期以来，经营利用许可制度对于规范各地方的野生动物出售、购买和利用活动确实起到了积极的作用。随着市场经济的快速发展以及国家行政审批制度改革的不断深化，加之专用标识制度实践近20年来，有效地实现野生动物及其制品的可追溯。根据地方的实际情况，越来越多的省（自治区、直辖市）已经取消了野生动物经营利用许可制度，并且这已成为一个趋势。目前，个别省（自治区、直辖市）仍然保留了这项制度。因此，开展野生动物出售、购买、加工、利用等活动，是否需要办理经营利用许可证，还需要依照各省（自治区、直辖市）的具体规定。

六、关于发布野生动物及其制品广告

长期以来，广告是野生动物及其制品市场交易的信息来源。由于缺乏相关制度和有效监管，特别是近年来随着网络的普及和电商平台的发展，大量不法的野生动物及其制品广告对正常的野生动物人工繁育和经营利用活动造成了冲击，容易误导公众，带来不良的社会影响，严重损害我国野生动物保护管理的形象和秩序。为实现"保护优先、规范利用、严格监管"的立法原则，《保护法》第三十一条明确规定，禁止为出售、购买、利用野生动物或者禁止使用的猎捕工具发布广告。禁止为违法出售、购买、利用野生动物制品发布广告。该法第五十一条还规定了违反第三十一条需要承担的法律责任。

综上可知，媒体、网络、电商等广告平台和机构，为出售、购买、利用野生动物等商业性活动发布广告是违法行为。为开展野生动物保护宣传、科普教育等公益活动发布的野生动物广告，由于其性质不属于商业行为，则不在该条款的禁止范围。

关于野生动物制品，属于违法出售、购买、利用行为的，不得发布广告，但法律并未禁止为合法出售、购买、利用野生动物制品发布广告。因此，合法出售、购买、利用野生动物制品的行为是可以发布广告的。当然，还得遵守广告法等其他相关法律、法规的规定。这也意味着广告平台需要广告发布人提供有关出售、购买、利用野生动物制品行为是否合法的证明材料，确认相关行为合法的前提下，方可发布广告。

关于野生动物及其制品广告的问题，法律并未区分野生动物的保护级别，凡是属于《保护法》规定保护的野生动物，不论保护级别，均适用该条款的规定。因此，陆龟也在其列。

挺胸角陆龟　Shutterstock.com

参考文献

李义明, 李典谟, 1997. 中越边境野生动物活体贸易调查 [G]. 中国环境与发展国际合作委员会. 保护中国的生物多样性. 北京: 中国环境科学出版社.

李友邦, 韦振逸, 邹异, 等, 2010. 广西野生动物非法利用和走私的种类初步调查 [J]. 野生动物学报, 32(5): 280-284.

凌晨, 2014. 昆明市宠物市场爬行动物贸易调查 [J]. 蛇志, 26 (1): 22-27.

佟海燕, 2017. 中国古脊椎动物志　两栖类　爬行类　鸟类 [M]. 北京：科学出版社.

王健, 宋亦希, 肖嘉杰, 等, 2017. 广州花地湾市场龟鳖类调查 [J]. 动物学杂志, 52(2): 244-252.

王雪婷, 翟飞飞, 周婷, 等, 2011. 缅甸陆龟户外生态饲养与人工孵育 [J]. 江苏农业科学, 39(2): 354-355.

吴咏蓓, 张恩迪, 2010. 上海地区龟类市场初步调查 [J]. 四川动物, 20(2): 103-104.

杨清, 陈进, 白志林, 等, 2000. 中国、老挝野生动植物边境贸易现状及加强管理的建议 [J]. 生物多样性, 8(3): 284-296.

曾岩, 2011. 爬行动物宠物国际贸易与濒危野生动植物种国际贸易公约 (CITES)[J]. 水族世界 (1): 22-27.

张飞燕, 古河祥, 肖圣杰, 等, 2007. 凹甲陆龟的人工饲养试验及行为观察初报 [J]. 四川动物, 26(2): 454-455.

周婷, 李丕鹏, 2007. 中国龟鳖动物多样性及濒危现状 [J]. 四川动物, 26(2): 463-467.

周婷, 李丕鹏, 2014. 中国龟鳖分类原色图鉴 [M]. 北京: 中国农业出版社.

周婷, 王伟, 2009. 中国龟鳖养殖原色图鉴 [M]. 北京: 中国农业出版社.

周婷, 2004, 龟鳖分类图鉴 [M]. 北京: 中国农业出版社.

周婷, 董超, 李仕宁, 等, 2016. 我国观赏龟的养殖与贸易现状及展望 [J]. 经济动物学报, 20(4): 239-243.

Auffenberg W., 1974. Checklist of fossil land tortoises (Testudinidae)[J]. Bulletin of the Florida State Museum , 18: 121-251.

Baard E.H.W., 1995. Growth Age at maturity and sexual dimorphism in the geometric tortoise, *Psammobates geometricus*[J].J. Herpetol. Assoc. Afr, 44: 10-15.

Bernard Devaux, 2000. The crying tortoise *Geochelone sulcata* (Miller,1779)[J]. Chelonii,vol.1:1-87.

Branch W.R., 2007. A new species of tortoise of the genus *Homopus*(Chelonia: Testudinidae) from southern Namibia[J]. African Journal of Herpetology, 56(1): 1-21.

Carlos Acosta, J. Murua, F. Blanco G., 2004. *Chelonoidis chilensis* (Argentine tortoise)[J]. Predation. Herpetological Review, 35(1): 53-54.

Carnovale A., 2005. Keeping and breeding the Argentine Tortoise *Chelonoidis chilensis*[J]. Reptilia, (38): 38-42.

Danilov I. G., Claude J., Sukhanov, V.B., 2012. A redescription of *Elkemys australis* (Yeh, 1974), a poorly known basal testudinoid turtle from the

Paleocene of China[M]. Proceedings of the Zoological Institute，RAS, 316: 223-238.

Deepak V., Ramesh M., S. BhupAthy, et al., 2011. *Indotestudo travancorica* (Boulenger 1907) -Travancore Tortoise[J]. Chelonian Research Monographs[J].(5): 054.1-054.6.

Deepak V., 2012. Veerappan and Karthikeyan Vasudevan Feeding ecology of the Travancore tortoise (*Indotestudo travancorica*) in the Anamalais, Western Ghats[J]. Herpetology Notes, (5): 203-209.

Edwards E.T., Karl A., Vaughn M., et al., 2016. The desert tortoise trichotomy: Mexico hosts a third, new sister-species of tortoise in the *Gopherus morafkai-G. agassizii* group [J].ZooKeys, (562): 131-158.

Fuente M.S.D. L., Zacarías G.G., Vlachos, E., 2018. A review of the fossil record of South American turtles of the clade Testudinoidea[J]. Bulletin of the Peabody Museum of Natural History, (59): 269-287.

Hay O.P., 1908. The fossil turtles of North America[M]. Carnegie institution of Washington.

Hofmeyr, M.D., Henen, B.T. and Loehr, V. J.T. 2018. Reproductive investments of a small, arid zone tortoise *Chersobius signatus*: follicle and egg development [J]. Acta Zool, 1-12.

Petrozzi, F., Hema, E. M., Demaya, G.S., et al., 2020. Centrochelys sulcata (Miller 1779)–African Spurred Tortoise, Grooved Tortoise, Sahel Tortoise, Tortue Sillonnée[J]. Conservation Biology of Freshwater Turtles and Tortoises, 5(14): 1-16.

Iverson, J. B. Phillip Q. Spinks, H. Bradley Shaffer，2001, Phylogenetic Relationships among the Asian tortoise of the genus *Indotestudo* (Reptilia: Testudines: Testudinidae) [J]. Hamadryad, (26): 272-275.

Lapparent de Broin F., 2000. African chelonians from the Jurassic to the present: phases of development and preliminary catalogue of the fossil record[J]. Palaeontologia Africana, (36): 43-82.

Le M., Raxworthy C.J., McCord W.P., Mertz, L., 2006. A molecular phylogeny of tortoises (Testudines: Testudinidae) based on mitochondrial and nuclear genes[J]. Molecular Phylogenetics and Evolution, (40): 517-531.

Loehr V.，2004．First recorded second generation breeding with the Namaqualand speckled padloper, *Homopus signatus signatus*[J]. Radiata (English edition), Lingen-feld, 13 (1): 11-12.

Loehr V., 2012. Activity of the greater padloper (*Homopus femoralis*, Testudinidae), in relation to rainfall[J]. African Zoology, (47): 294-300.

Loehr V., B. T. Henen，M.D. Hofmeyr，2004. Reproduction of the smallest tortoise, the Namaqualand speckled padlope *Homopus signatus signatus*[J], Herpetologica, (60): 444-454.

Luiselli L., diagne T., 2014. *Kinixys erosa* (Schweigger 1812) Forest Hinge-back Tortoise, Serrated Hinge-back Tortoise, Serrated Hinged Tortoise [J], Chelonian Research Monographs, 5(7): 1-13.

Naksri W., Tong, H., Lauprasert K., Jintasakul P., Suteethorn V., Vidthayanon C., Claude J., 2019. Giant tortoises from the Plio-Pleistocene of Tha Chang sandpits, Nakhon Ratchasima Province, Thailand[J]. Annales de Paléontologie, 105, 257-267.

Nikhil Whitaker, 2012. Reproduction and Morphohlogy of the Travancore Tortoise (*Indotestudo travancorica*) Boulenger, 1907[J], Morphometrics, Prof. Christina Wahl (Ed.), 47-64.

Turtle Taxonomy Working Group, (Rhodin A.G.J., Iverson J.B., Bour R., Fritz U., Georges A., ShafferH.B., Van Dijk P.P., 2017. Turtles of the world: annotated checklist and atlas of taxonomy, synonymy, distribution, and conservation status (8th ed.) [M]. Chelonian Research Monographs No. 7.

Vlachos E., 2018. A review of the fossil record of North American turtles of the clade Pan-Testudinoidea [J]. Bulletin of the Peabody Museum of Natural History,(59): 3-94.

附　录

附录1 《濒危野生动植物种国际贸易公约》附录中的陆龟种类名录

（自2019年11月26日起生效）

陆龟科 Testudinidae		
附录 I	附录 II	附录 III
放射陆龟 *Astrochelys radiata* 安哥洛卡陆龟 *Astrochelys yniphora* 加拉帕戈斯陆龟 *Chelonoidis niger* 印度星龟 *Geochelone elegans* 缅甸星龟 *Geochelone platynota* 黄缘穴陆龟 *Gopherus flavomarginatus* 扁陆龟 *Malacochersus tornieri* 几何石陆龟 *Psammobates geometricus* 蛛陆龟 *Pyxis arachnoides* 平背蛛陆龟 *Pyxis planicauda* 埃及陆龟 *Testudo kleinmanni*	★ 陆龟科所有种Testudinidae spp. （除被列入附录I的物种。苏卡达陆龟 *Centrochelys sulcata*野外获得标本且以商业为主要目的贸易年度出口零限额）	

★ 指该分类单元所含物种在中国有自然分布的记录。

附录2 陆龟科的属、种、亚种名录

（18属65种30个亚种）

属	种	亚 种
阿尔达布拉陆龟属 *Aldabrachelys*	阿尔达布拉陆龟 *Aldabrachelys gigantea*	阿尔达布拉陆龟指名亚种 *Aldabrachelys gigantea gigantea* 阿尔达布拉陆龟阿诺德亚种 *Aldabrachelys gigantea arnoldi* 阿尔达布拉陆龟马埃亚种 *Aldabrachelys gigantea daudinii* 阿尔达布拉陆龟塞舌尔亚种 *Aldabrachelys gigantea hololissa*
马岛陆龟属 *Astrochelys*	放射陆龟 *Astrochelys radiata* 安哥洛卡陆龟 *Astrochelys yniphora*	
中非陆龟属 *Centrochelys*	苏卡达陆龟 *Centrochelys sulcata*	
南美陆龟属 *Chelonoidis*	红腿陆龟 *Chelonoidis carbonarius* 智利陆龟 *Chelonoidis chilensis* 黄腿陆龟 *Chelonoidis denticulatus* 平塔岛加拉帕戈斯陆龟 *Chelonoidis abingdonii* 沃尔夫加拉帕戈斯陆龟 *Chelonoidis becki* 查塔姆加拉帕戈斯陆龟 *Chelonoidis chathamensis* 杰姆岛加拉帕戈斯陆龟 *Chelonoidis darwini* 福斯托加拉帕戈斯陆龟 *Chelonoidis donfaustoi* 平松岛加拉帕戈斯陆龟 *Chelonoidis duncanensis* 内格拉加拉帕戈斯陆龟 *Chelonoidis guntheri* 西班牙岛加拉帕戈斯陆龟 *Chelonoidis hoodensis* 达尔文加拉帕戈斯陆龟 *Chelonoidis microphyes* 黑加拉帕戈斯陆龟 *Chelonoidis niger* 费尔南迪纳加拉帕戈斯陆龟 *Chelonoidis phantasticus* 圣克鲁斯加拉帕戈斯陆龟 *Chelonoidis porteri* 艾可多亚加拉帕戈斯陆龟 *Chelonoidis vandenburghi* 阿苏尔加拉帕戈斯陆龟 *Chelonoidis vicina*	
角陆龟属 *Chersina*	挺胸角陆龟 *Chersina angulata*	
南非陆龟属 *Chersobius*	卡鲁陆龟 *Chersobius boulengeri* 斑点陆龟 *Chersobius signatus* 那马陆龟 *Chersobius solus*	
圆筒龟属 *Cylindraspis*	留岛圆筒陆龟 *Cylindraspis indica* 圆背圆筒陆龟 *Cylindraspis inepta* 罗岛圆筒陆龟 *Cylindraspis peltastes* 三齿圆筒陆龟 *Cylindraspis triserrata* 鞍背圆筒陆龟 *Cylindraspis vosmaeri*	

（续）

属	种	亚　种
土陆龟属 *Geochelone*	印度星龟 *Geochelone elegans* 缅甸星龟 *Geochelone platynota*	
穴陆龟属 *Gopherus*	阿氏穴陆龟*Gopherus agassizii* 布氏穴陆龟*Gopherus berlandieri* 古德穴陆龟*Gopherus evgoodei* 黄缘穴陆龟*Gopherus flavomarginatus* 莫氏穴陆龟*Gopherus morafkai* 佛州穴陆龟*Gopherus polyphemus*	
珍陆龟属 *Homopus*	鹰嘴陆龟*Homopus areolatus* 大鹰嘴陆龟*Homopus femoralis*	
印支陆龟属 *Indotestudo*	缅甸陆龟*Indotestudo elongata* 印度陆龟*Indotestudo forstenii* 特拉凡柯陆龟*Indotestudo travancorica*	
铰陆龟属 *Kinixys*	贝氏铰陆龟*Kinixys belliana* 非洲铰陆龟*Kinixys erosa* 荷氏铰陆龟*Kinixys homeana* 窄背铰陆龟*Kinixys lobatsiana* 垒包铰陆龟*Kinixys natalensis* 西非铰陆龟*Kinixys nogueyi* 斑纹铰陆龟*Kinixys spekii*	
	南非铰陆龟*Kinixys zombensis*	南非铰陆龟指名亚种 *Kinixys zombensis zombensis* 南非铰陆龟马岛亚种 *Kinixys zombensis domerguei*
扁陆龟属 *Malacochersus*	扁陆龟 *Malacochersus tornieri*	
凹甲陆龟属 *Manouria*	黑凹甲陆龟*Manouria emys*	黑凹甲陆龟指名亚种 *Manouria emys emys* 黑凹甲陆龟缅甸亚种 *Manouria emys phayrei*
	凹甲陆龟*Manouria impressa*	
石陆龟属 *Psammobates*	几何石陆龟*Psammobates geometricus* 锯齿石陆龟*Psammobates oculifer*	
	帐篷石陆龟*Psammobates tentorius*	帐篷石陆龟指名亚种*Psammobates tentorius tentorius* 帐篷石陆龟西部亚种*Psammobates tentorius trimeni* 帐篷石陆龟东部亚种*Psammobates tentorius verroxii*
蛛陆龟属 *Pyxis*	蛛陆龟*Pyxis arachnoides*	蛛陆龟指名亚种 *Pyxis arachnoides arachnoides* 蛛陆龟北部亚种 *Pyxis arachnoides brygooi* 蛛陆龟南部亚种 *Pyxis arachnoides oblonga*
	平背蛛陆龟*Pyxis planicauda*	

（续）

属	种	亚 种
豹龟属 *Stigmochelys*	豹龟 *Stigmochelys pardalis*	
陆龟属 *Testudo*	希腊陆龟 *Testudo*（*Testudo*）*graeca*	希腊陆龟指名亚种 *Testudo*（*Testudo*）*graeca graeca* 希腊陆龟亚美尼亚亚种 *Testudo*（*Testudo*）*graeca armeniaca* 希腊陆龟巴克斯顿亚种 *Testudo*（*Testudo*）*graeca buxtoni* 希腊陆龟昔兰尼加亚种 *Testudo*（*Testudo*）*graeca cyrenaica* 希腊陆龟欧亚亚种 *Testudo*（*Testudo*）*graeca ibera* 希腊陆龟摩洛哥亚种 *Testudo*（*Testudo*）*graeca marokkensis* 希腊陆龟突尼斯亚种 *Testudo*（*Testudo*）*graeca nabeulensis* 希腊陆龟苏斯亚种 *Testudo*（*Testudo*）*graeca soussensis* 希腊陆龟达米亚亚种 *Testudo*（*Testudo*）*graeca terrestris* 希腊陆龟伊朗亚种 *Testudo*（*Testudo*）*graeca zarudnyi*
	埃及陆龟 *Testudo*（*Testudo*）*kleinmanni*	
	缘翘陆龟 *Testudo*（*Testudo*）*marginata*	
	四爪陆龟 *Testudo*（*Agrionemys*）*horsfieldii*	四爪陆龟指名亚种 *Testudo*（*Agrionemys*）*horsfieldii horsfieldii* 四爪陆龟费尔干纳亚种 *Testudo*（*Agrionemys*）*horsfieldii bogdanovi* 四爪陆龟哈萨克斯坦亚种 *Testudo*（*Agrionemys*）*horsfieldii kazachstanica* 四爪陆龟土库曼斯坦亚种 *Testudo*（*Agrionemys*）*horsfieldii kuznetzovi* 四爪陆龟科佩特亚种 *Testudo*（*Agrionemys*）*horsfieldii rustamovi*
	赫尔曼陆龟 *Testudo*（*Chersine*）*hermanni*	赫尔曼陆龟指名亚种 *Testudo*（*Chersine*）*hermanni hermanni* 赫尔曼陆龟东部亚种 *Testudo*（*Chersine*）*hermanni boettgeri*

附录3 中国陆龟科化石的产地与时代

属	种	化石产地	世代
安徽龟属 Anhuichelys	小市安徽龟 Anhuichelys siaoshihensis	安徽怀宁、潜山	早古新世
	潜山安徽龟 Anhuichelys tsienshanensis	安徽潜山 湖北新洲	早-中古新世 ? 古新世
	痘姆安徽龟 Anhuichelys doumuensis	安徽潜山、安庆	中古新世
中国厚龟属 Sinohadrianus	淅川中国厚龟 Sinohadrianus sichuanensis	河南淅川	中始新世
甘肃龟属 Kansuchelys	嘉峪关甘肃龟 Kansuchelys chiayukuanensis	甘肃玉门	中始新世
	椭圆甘肃龟 Kansuchelys ovalis	山西榆社	?
	济源甘肃龟 Kansuchelys tsiyuanensis	河南济源	晚始新世
	云南甘肃龟 Kansuchelys yunnanensis	云南路南	早渐新世
	锡拉甘肃龟 Kansuchelys sharanensis	内蒙古乌兰察布	中始新世
凹甲陆龟属 Manouria	常山凹甲陆龟 Manouria changshanensis	浙江常山	晚更新世
	河姆凹甲陆龟 Manouria hemuensis	浙江余姚	新石器时代
陆龟属 Testudo	三趾马陆龟 Testudo hipparionum	山西保德 山西武乡 山西榆社	晚中新世 ? 晚中新世-上新世 晚中新世-上新世

属	种	化石产地	世代
陆龟属 Testudo	多肋板陆龟 Testudo hypercostata	山西河曲	? 晚中新世
	山西陆龟 Testudo shansiensis	山西河曲 山西榆社	? 晚中新世 晚中新世
	河南陆龟 Testudo honanensis	甘肃阿克塞 山西榆社 山西清源 河南新安	中中新世 晚中新世-上新世 ? 上新世 ? 上新世
	圆陆龟 Testudo sphaerica	山西保德 陕西蓝田 山西榆社 甘肃天水	晚中新世 晚中新世 晚中新世-上新世 早上新世
	陕西陆龟 Testudo shensiensis	陕西府谷 山西更修 山西榆社	晚中新世 晚中新世-上新世 晚中新世-上新世
	小陆龟 Testudo nanus	内蒙古乌兰察布	晚始新世
	敦煌陆龟 Testudo tunhuanensis	甘肃阿克塞	中中新世
	榆社陆龟 Testudo yushensis	山西榆社	晚中新世
	石楼陆龟 Testudo shilouensis	山西石楼	晚中新世
	乌兰陆龟 Testudo? ulanensis	内蒙古乌兰察布	中始新世
	张家口陆龟 Testudo kalganensis	河北张家口	?
	路南陆龟 Testudo? lunanensis	云南路南	早渐新世
	千佛洞陆龟 Testudo? chienfutungensis	甘肃阿克塞	中中新世

附录4　国内外陆龟保护和研究机构

　　在世界范围内，非洲、欧洲、亚洲等地先后建立了一些陆龟保护区和保护科研机构。有的是针对某一种陆龟开展专门的保护和研究，如迷你陆龟保护基金会；有的是以陆龟为主的龟类动物保护和研究组织。这些保护区和机构，为陆龟及龟类动物的保护、科研和科普宣传发挥了重要作用，也为保护龟类动物做出了贡献。

世界自然保护联盟物种生存委员会龟鳖专家组
IUCN Tortoise and Freshwater Turtle Specialist Group

　　世界自然保护联盟物种生存委员会龟鳖专家组（简称IUCN/SSC/TFTSG）于1987年建立，由淡水龟专家组和陆龟专家组合并而成，是世界自然保护联盟物种生存委员会设立的6个专家组之一。目前，已有来自54个国家的322名成员。专家组的宗旨是以鉴定和记录所有濒危龟鳖类，并帮助和促进龟鳖保护行动，以确保野外的龟鳖动物数量可持续，不会灭绝。专家组还肩负着评估所有龟鳖动物的生存状况，提供必要的科学依据，为世界自然保护联盟和其他机构提供与保护相关的专业知识和科学建议的使命。专家组一直走在保护行动的前沿，组织和参与了斑鳖等多个龟鳖物种保护和救护项目，并派遣了多名专家参与工作，使龟鳖种群得到充分的管理和保护。专家组与合作伙伴广泛合作，将更多的龟鳖物种纳入《濒危野生动植物种国际贸易公约》。自2003年起，专家组联合其他机构首次发布了"世界最濒危龟鳖名录"。至2018年，该名录已第四次更新，名录种类由2003年的23种已增加至50种。2007年，专家组成立了龟鳖分类工作组，发布"世界龟鳖分类目录"，并每年修正和更新目录。专家组于2008年编辑出版《龟鳖保护生物学》杂志，为全球的龟鳖动物保护发挥了重要作用。

　　网址：http://www.iucn-tftsg.org/

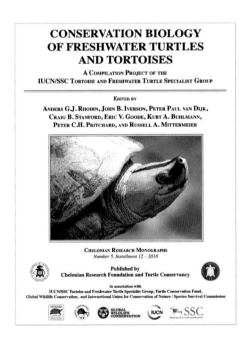

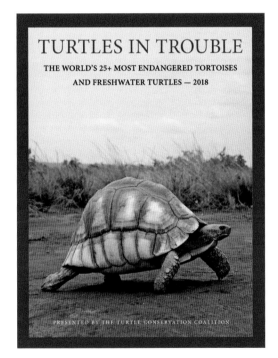

龟鳖保护协会
Turtle Conservancy

　　龟鳖保护协会（Turtle Conservancy），简称（TC），是由美国企业家和保护主义者Eric V. Goode创建的非盈利组织，成立于2005年，并设立了龟类救助中心。龟鳖保护协会致力于保护全球的龟类和它们的栖息地，挽救非法贸易的珍稀龟类。协会宗旨是在自然栖息地保护龟类。目前，已开展了栖息地恢复、人工驯养繁殖、监测和预防濒危龟类贸易等工作，已成功繁育缅甸星龟、放射陆龟、凹甲陆龟等多种龟类。另外，协会还定期出版《The Tortoise》杂志，报道和宣传龟保护等资讯。由于Eric V. Goode对古德穴陆龟（*Gopherus evgoodei*）的保护做出了重要贡献，古德穴陆龟种名以其姓氏命名，以此纪念。

　　网站：https://www.turtleconservancy.org/

凹甲陆龟

Eric V. Goode 和古德穴陆龟　　James Liu

《龟》杂志

法国岗法洪龟鳖村
SOPTOM Village des Tortues

SOPTOM 成立于1986年，是法国一个致力于龟鳖动物研究和保护的协会。并在法国南部岗法洪镇建立了龟鳖村。另外，在法国南部科西嘉、马达加斯加、塞内加尔也建立了龟鳖保护中心，拯救这些国家的陆龟。最近，SOPTOM 在法国土伦（Toulon）附近又建立了一个新的龟鳖村，驯养繁育1 600只来自35个不同国家被遗弃的龟；并将它们逐渐放归野外，如赫尔曼陆龟、苏卡达陆龟、放射陆龟。龟鳖村的工作主要是科普和教学。人类必须给龟一个好的形象：它们不是家畜，必须把龟看作野生动物，并保护他们的种群。由于贸易、非法交易、栖息地退化、消费等因素，龟鳖动物面临濒危。为了更好地保护和拯救龟鳖动物，龟鳖村的创建人 Bernard Devaux 常年奔走于世界各地，不遗余力地努力着。

岗法洪龟鳖村网址：https://www.tortuesoptom.org/

土伦龟鳖村网址：http://www.villagedestortues.fr/

龟鳖村的创建人 Bernard Devaux

岗法洪龟鳖村大门

《龟》杂志

土伦龟鳖室外龟池

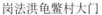

岗法洪龟鳖村

土伦龟鳖村儿童娱乐区

土伦龟鳖村温室

小型陆龟保护基金会
Dwarf Tortoise Conservation

　　小型陆龟保护基金会（原名珍陆龟属研究基金会），是一个由志愿者管理的非商业性基金会，创建于 1995 年，目前由Victor Loehr 管理。小型陆龟包括珍陆龟属 3 种和南非陆龟属 2 种成员。小型陆龟保护基金会旨在收集和传播珍陆龟属和南非陆龟属成员的数据信息，这直接或间接地有利于迷你陆龟在野外的长期生存。这一目标是通过科学的野外研究和人工驯养种群的发展和研究来实现的；研究结果发表于学术期刊和大众媒体。

　　小型陆龟基金会与南非西开普大学、南非北开普环境和自然保护部以及另外几所大学和研究机构密切合作。 Victor Loehr 和他的志愿者们已成功繁殖了数代的斑点陆龟、鹰嘴陆龟、大鹰嘴陆龟；并发表了60多篇学术论文、海报、野外报告和科普文章。

网站：http://www.dwarftortoises.org

电子邮箱：info@dwarftortoises.org

斑点陆龟围栏　　　Victor Loehr

小型陆龟保护基金会管理人 Victor Loehr

野外工作　　Victor Loehr

野外记录　　Victor Loehr

斑点陆龟　　Victor Loehr

非洲龟类研究所
African Chelonian Institute

　　非洲龟类研究所，是非洲第一个致力于保护非洲大陆和相关岛屿所有龟鳖物种的中心。研究所的宗旨是，通过研究、教育和团队合作，促进整个非洲的陆龟、水龟和鳖类种群得到长期保护。研究所现有为濒危的非洲陆龟和淡水龟的驯养繁育而建的繁育基地、为学生和公众提供教育和展览的教育展示中心、为学生和龟鳖研究人员设立的培训中心。另外，还有一个标本、化石和非洲龟文化的图书馆。研究所现已开展锯齿铰陆龟等多个拯救和保护项目，并取得一定成效。此外，研究所还将扩大在多个国家开展龟鳖研究的基础项目，将龟鳖重新引入它们的自然栖息地，并进行实地调查，以更好地了解整个非洲野生龟鳖种群的分布和保护需求。

　　网站：https://africanchelonian.org/

非洲龟类研究中心

非洲龟类研究中心

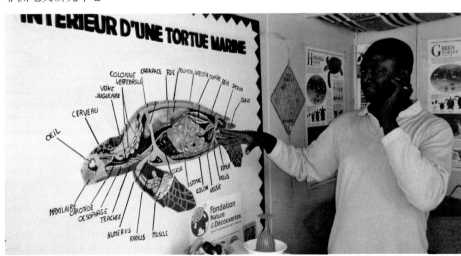

Tomas Diagne 在讲授海龟知识

锯齿铰陆龟　　　　锯齿铰陆龟　　　Tomas Diagne

新疆霍城四爪陆龟国家级自然保护区
Xinjiang Huocheng four-clawed National Nature Reserve

　　1983年，由新疆维吾尔自治区人民政府批准建立省级四爪陆龟保护区。2016年5月，经国务院审定，晋升为国家级自然保护区。保护区位于新疆维吾尔自治区西北伊犁河谷地的霍城县境内，占地面积350平方千米。因保护区生境破坏，栖息地减少，滥捕乱杀和天敌侵害，四爪陆龟雄雌比例失调，自然繁殖率极低，种群数量锐减，分布区范围日益缩小，濒危程度极高。

　　新疆霍城四爪陆龟国家级自然保护区，是我国唯一的四爪陆龟及其栖息地保护区，也是我国陆龟类唯一的自然保护区。目前，保护区已开展生态建设、资源保护等工作，已逐步发展成为兼具科学研究、自然保护教育、生态旅游和可持续利用等多项公益事业于一体的自然保护区。

保护区　赵蕙

保护区的简介　　古河祥

保护区四爪陆龟栖息地　　古河祥

保护区的四爪陆龟　　赵蕙

附录5 学名索引

附录6　中文名索引

附录7 部分龟鳖企业名录

国龟探秘

系列纪录片

龟宝宝

黄缘闭壳龟｜黄额闭壳龟｜金头闭壳龟｜三线闭壳龟｜四眼斑龟｜平胸龟｜地龟

扫一扫
观看纪录片

龟宝宝国龟纪录
The baby tortoise records

采用真实纪录拍摄手法
解密鲜为人知的国龟饲养技术
记录下你最想要的宝贵经验与最令人震惊的细节之处
藏在国龟身上的千年奥秘

海口天鹅湖动物养殖有限公司

  海口天鹅湖动物养殖有限公司是一家集野生动物养殖、繁育、展示、科普为一体的综合养殖基地，是以散养模式为主的野生动植物园。园区位于海口市桂林洋经济开发区，总占地8公顷，由水面、小岛及半岛组成。展示非洲、美洲9种灵长类动物，陆龟类、金刚鹦鹉、澳洲鸸鹋、袋鼠、南美洲的浣熊、耳廓狐等来自五大洲的近百种野生动物。其中，陆龟类有阿尔达布拉陆龟、苏卡达陆龟、豹龟、红腿陆龟、黄腿陆龟等多种大型陆龟。2018年，首次成功繁殖阿尔达布拉陆龟，开启了国内人工繁殖阿尔达布拉陆龟先例。另外，园区散养世界最全的天鹅种类，是国内饲养展示全世界7种天鹅唯一的园区。园内的赤颈鹤、红鹮、彩鹮、粉红琵鹭构成五彩飞鸟乐园。此外，园内设狐猴岛、陆龟天地、鹦鹉世界三大主题互动区，游客零距离与动物接触。目前，公司已获得《陆生野生动物驯养繁殖许可证》《陆生野生动物经营利用许可证》，已引进多种天鹅、鹦鹉等近百种野生动物，并人工繁殖成功。

微信公众号二维码

海口海之语海洋科普有限公司

　　成立于2017年，主要致力于海洋生物的养殖、繁育、科普及展示。

地址：海南省海口市龙华区观澜湖新城地下01、02商铺
电话：0898-65515273

天津金色家园动物进出口贸易有限公司

　　成立于2009年，主要从事野生动物进出口业务，为国内各大、中、小型动物园、野生动物园、动物养殖机构及海洋馆、极地馆等引进国外珍稀观赏动物。

地址：天津市河东区太阳城橙翠园24-4-101
电话：022-24650136

天津绿之语动物养殖有限公司

　　成立于2012年，公司成立以来，从国外进口并驯养繁殖了多种珍稀野生动物，极大地满足了国内动物园、野生动物园、动物养殖公司等单位对国外动物种源的需求。已获得国家一、二级保护动物驯养繁殖资格，一直处于特种养殖企业的先锋位置。

地址：天津市宁河县造甲城镇冯台村外村林场附近
电话：022-24650136

📍 天鹅湖园区位置：海南省海口市美兰区桂林洋经济开发区青春东岸东150米（导航均可到达）

📱 联系电话：0898-65717932

🌐 邮箱：tehzoo@163.com

✉ 网址：www.tehzoo.com

惠州市寸金饲料
有限公司

HUIZHOU INCH-GOLD FISH FOOD CO.,LTD

惠州市寸金饲料有限公司是一家专业从事观赏鱼、龟饲料研发、生产及销售的民营企业，产品销往全国各地。1996年寸金在深圳成立，2012年寸金饲料生产基地从深圳搬迁至惠州，至今已走过二十三载。公司秉承"做专！做精！做饲料！"的经营理念，为市场提供优质的产品，已成为国内饲料知名品牌。目前，公司自主研发鱼、龟饲料92种，占地面积1万平方米的厂区内设一条生产线，年产量达5 000吨。

从天然原材料到科学的配方，再到引进国外先进的生产技术设备，"寸金人"一直在为提高产品的品质作出最大努力。经过长期的生产经营实践，寸金公司累积得到更多的经验，目前已具备原料—生产—检验—包装—运输等一条龙加工服务。

"龟龟粮""龟三色"等主打产品，采用先进的科学配方调制，适合各种龟类食用。寸金龟饲料营养全面、嗜口性佳、增色性能佳、能有效提高龟的免疫力，深受广大消费者的喜爱，"高性价比"的特点被广大消费者所推崇。

寸金产品凭借良好的口碑，品牌代理遍布全国200个城市，已结成庞大的销售网络，部分产品甚至远销至世界部分地区。目前，寸金人除了创新研发，更为打造良好的销售服务体系而努力，争取为专业养殖和家庭养殖创造出更高效、优秀的产品和服务。

电话：0752-3698118　　　　传真：0752-3698119

地址：广东省惠州市惠阳区镇隆镇沥镇公路高田工业区

寸金微信公众号

HUIZHOU INCH-GOLD FISH FOOD CO.,LTD

家庭饲养两栖爬行动物专用饲料

Stick food specially for all type of turtle

嗜口性佳·预防外壳软化·促进健康成长·营养成分齐全

寸金龟龟粮是为家庭饲养各种龟及两栖爬行动物而配制，其优点如下：

针对龟及两栖爬行动物的生理特点及嗜口性，特别以小型甲壳类动物、贻贝、蝇类幼虫、蔬菜粉、维生素D_3等配制的饲料。营养成分齐全，喂食后可满足每天所需营养，有效防止龟类外壳软化，保证龟类的健康成长，是饲养各种乌龟及两栖爬行动物的最佳选择。

中国首家陆龟养殖合作社

陵水健丰养殖专业合作社

陵水健丰养殖专业合作社成立于2013年，位于陵水县椰林镇下溪村，占地面积43公顷左右，饲养苏卡达陆龟等7种，种龟存栏量100只左右，年繁殖龟苗3 000只左右，是以陆龟驯养、繁殖、科普宣传、科研和药用为一体的专业合作社，也是国内首家陆龟养殖合作社。

目前，合作社已获得《陆生野生动物驯养繁殖许可证》《陆生野生动物及其产品经营利用许可证》。合作社于2016年开始参与陵水县政府扶贫工作，也是全省第一家参与政府扶贫的陆龟养殖场。2016—2019年，共养殖龟苗总数4 939只，帮扶陵水县3个镇949户人家。2019年，合作社获得陵水县精准扶贫先进典型"十佳帮扶企业"荣誉称号。

陵水健丰养殖专业合作社

联系人：陈伟岗 13876467518　　陵水县里村排溪园村

国内首家以陆龟为主题的民宿陆龟养殖企业

海南乐天农业养殖有限公司

　　海南乐天农业养殖有限公司是目前国内首家以陆龟养殖科普交流及配套民宿服务的养殖企业，养殖民宿场地占地2.6公顷左右。场地环境优美，场地布局以养殖科普民宿配套为主，适合全国的龟类爱好者来入住交流。现场养殖各种陆龟种类有10种，种类有苏卡达陆龟、阿尔达布拉陆龟、豹龟、红腿陆龟、黄腿陆龟、缅甸陆龟、黑凹甲陆龟、印度星龟、赫尔曼陆龟、缘翘陆龟，公司已获得《野生动物驯养繁殖许可证》。

 企业地址：海南省陵水县文罗镇老洋村80号

 连线电话：13602915362

地址：中山市古镇镇南方绿博园园景路

乐天归心居

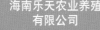

海南乐天农业养殖
有限公司

神甲会自培

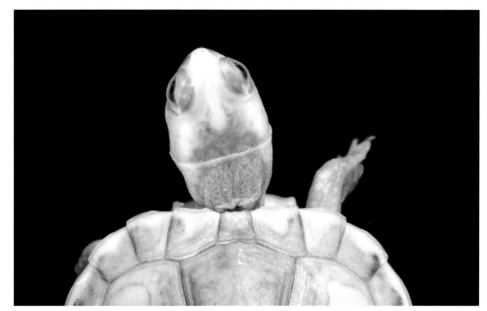

欢迎来到
神甲变异世界

人类自从从石器时代走出来后，洞悉了大自然创世造物的秘密，并依靠培育变异新品种，来将这个星球改造成一个适合人类生存的美好新世界。然而，所谓的培育其实就是一场以人类想法和喜好所引导的演变而已，伟大的繁殖家们通过自己高超的技巧和对未来美好的向往，将毫不起眼的野草野兽变成丰收的庄稼和肥美的家畜，将平凡的鲤鱼乌龟变成了精美的艺术品。天上的闪耀星宿与源远流长的历史神话都为这一切带来无限的灵感，变异万岁！欢迎来到变异新世界！

黄凯 董事长
13809218633

Ee. 董事长助理
15811704468

神甲公众号

神甲养殖有限公司
地址：广东省佛山市南海区狮山镇桃园东路 89 号

中山市僖缘农业有限公司

中山市僖缘农业有限公司成立于2016 年 ，有4 600平方米的生态型封闭养殖基地。持有《陆生野生动物驯养繁殖许可证》《水生野生动物驯养繁殖许可证》。主要养殖种类包括黑凹甲陆龟、阿尔达布拉陆龟、苏卡达陆龟；黄额闭壳龟、黄缘闭壳龟、锯缘闭壳龟、百色闭壳龟、箱龟、金头闭壳龟、三线闭壳龟、眼斑水龟、四眼斑水龟、星点水龟、菱斑龟等高颜值、互动性强的观赏龟类。公司日常管理规范，建立动物来源信息，已达到规模化养殖技术水平，并多次获得国家行业的肯定。公司坚持以"在保护中发展、在发展中保护"为宗旨，为保护珍稀物种、人工繁育事业的发展贡献绵薄之力。

 地址：中山市古镇镇南方绿博园园景路

联系人：周先生

微信号：13380899999

中山市僖缘农业有限公司

SHINEGO
- BIOTECHNOLOGY -
欣归生物科技

上海欣归生物科技有限公司，坐落于上海崇明岛，持有国家审批的保育与非保育动物繁殖许可资质，规模覆盖多达50多种龟、蛇、蜥蜴等爬行动物的饲养，数量达20000只以上，能够从繁殖、产蛋、幼体饲养等各阶段完整跟踪动物繁育情况。曾多次参与政府相关的物种繁育和保护计划，成功人工繁育出20余种繁殖难度极大的观赏龟种，如北美钻纹龟、窄桥蛋龟、星点龟、木雕龟、东部箱龟、尤卡坦箱龟等，并已成熟掌握球蟒、猪鼻蛇等蛇类基因选育技术。

欣归生物公众号

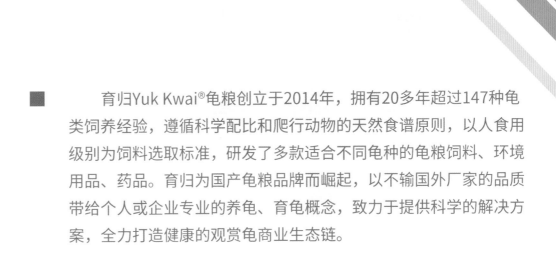

YUK KWAI

好龟粮
国内就有

育归公众号　　育归官方淘宝店

育归Yuk Kwai®龟粮创立于2014年，拥有20多年超过147种龟类饲养经验，遵循科学配比和爬行动物的天然食谱原则，以人食用级别为饲料选取标准，研发了多款适合不同龟种的龟粮饲料、环境用品、药品。育归为国产龟粮品牌而崛起，以不输国外厂家的品质带给个人或企业专业的养龟、育龟概念，致力于提供科学的解决方案，全力打造健康的观赏龟商业生态链。

中国养龟第一社

顺德金顺龟鳖养殖农民专业合作社

　　顺德金顺龟鳖养殖农民专业合作社成立于2013年9月，是作为顺德现代农业集聚区和高潮区的陈村所建立的三大农民专业合作社之一，社员由最初的71人，发展到现在注册社员和交流会员500多人，是全国著名的社员数量大、社员层次高、社员的养龟种类最多的养龟专业合作社，在业界有"中国养龟第一社"的美誉。

　　自2015年首届"世界名龟科普养殖交流展"开始，已连续5年成功举办了五届全国人流量最大、龟鳖种类最多、展示内容最丰富的"世界名龟养殖交流展"。交流展的规模一届比一届盛大，参展的龟鳖种类越来越丰富，参展商越来越专业、越来越国际化，吸引了欧美等10多个国家的龟友前来参观。交流展不仅搭建了全国龟鳖行业交流平台，而且打造出了专业会展品牌，大力促进了龟鳖养殖的商贸对接和学术交流合作，引领行业发展。此外，合作社还成立了国内首个以龟友名义，在慈善机构开设账户的龟友慈善公益冠名基金，起到了承担社会责任的良好表率作用。

　　在广佛都市圈和粤港澳大湾区经济圈建设的背景下，陈村镇借助日益凸显的交通优势和区位优势，深入推进农业供给侧结构性改革，推动行业发展。合作社举办的交流展重视产业的现实针对性，积极拓宽视野并与国际接轨，构建合作交流平台，推动龟鳖产品及龟鳖文化的推介和传播；构建先进理念交流平台，助推现代养殖技术的普及和产业的升级，是顺德农业以"创新驱动、开放引领"为引擎，主动融入我国"一带一路"发展战略的具体实践。

联系人：杨小姐
0757-23831668

顺 德 金 顺

龟鳖养殖农民专业合作社

神州第一甲鱼场

苏州青青水产发展公司

青青水产

苏州青青水产发展公司位于江苏省最南部的苏州市吴江区震泽镇。公司外塘面积47公顷左右，现代化育苗室和驯化车间30 000平方米。养殖大鳄龟、小鳄龟、甜甜圈龟、东部锦龟、地图龟、中华花龟、乌龟、黄缘闭壳龟、西部锦龟、珍珠鳖、巨头蛋龟、麝香蛋龟、剃刀蛋龟等50多种龟鳖动物。公司自1997年成立以来，长期致力于发展名、特、优龟鳖动物的驯养繁殖，开展种苗繁育、引进新种类、试验示范等工作，与上海水产大学、南京农业大学、湖州淡水水产研究所等科研院校均有良好合作。近5年，公司致力于乌龟原种培育，2019可自繁自养乌龟苗50万只以上。此外，公司传承了30余年养殖中华鳖经验，每年向社会供应5年龄以上的长江系中华鳖。

微信：13358021833

淘宝店铺名称：
青青水产名龟养殖

北京大路广翼水产研究中心

北京大路广翼水产研究中心成立于2003年，占地6.7公顷左右，总投资4 000万元，建有高标准水泥护坡室外池塘、食用龟鳖生态养殖大棚、循环水生态观赏龟鳖养殖大棚、工厂化商品鱼养殖车间、仿野生龟鳖生态养殖池和600平方米集展示、科普教育、休闲为一体的多功能厅1个，中心已养殖大鳄龟300只，蛇鳄龟3 000多只等10多种龟鳖，同时，还拥有松浦镜鲤和匙吻鲟500多尾。

经10多年发展，中心已成为北京市农业科技试验示范基地、北京市菜篮子工程优级标准化生产基地、北京市农林科学院科技惠农行动计划示范基地、北京市龟鳖良种场、北京鲟鱼、鲑鳟鱼创新团队示范基地等10多个示范基地，同时，也是大连海洋大学研究生实训基地和北京农学院经济管理学院校外实习基地。

北京大路广翼水产研究中心已发展成为我国北方最大的优质食用龟鳖和观赏龟苗种繁育、商品生产基地，成为集生产、休闲、展示、科普教育于一体的综合性现代化农业企业。

科技扶低到户　　观赏龟扶低兴产业

北京市水产科学研究所　北京市观赏鱼创新团队

中国农民丰收节　房山分会场
首届钓鱼大赛暨观赏鱼、观赏龟科普展

太阳岛幼儿园社会大课堂实践活动

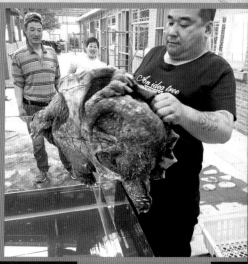

商标注册证

莉芷颜
LycheeBeauty

中国最大的花龟养殖基地

珠海仲信龟养殖专业合作社

珠海仲信龟养殖专业合作社（下称：合作社）成立于2013年，老板是乐善好施的中国台湾人陈仲信先生。合作社养殖基地20多公顷，花龟种龟存栏量20多万只，年繁殖龟苗200多万只，是目前国内最大的花龟养殖基地，陈仲信先生成为中国的花龟之王。合作社2013年、2014年和2018年冠名"广东省龟鳖养殖行业协会'仲信'龟暨慈善拍卖会"，并连续3年冠名"金顺慈善拍卖会"。

合作社多年来坚持以"心存善念，科学养殖，诚信经营"为理念，专注于花龟的驯养、繁殖和产品研发，现已成功研发龟甲肽蚕丝面膜和龟鹿养生胶产品。合作社以传授健康养龟知识为己任，以传播龟文化和科学养生为使命，力争将合作社发展成"养、研、产、销一体"的综合型企业，为推动健康养龟，科学养生贡献力量！

📍 地址：广东省珠海市斗门区白蕉镇六乡螺洲工业园

📠 咨询热线：13902860359 蔡小姐

💬 微信号：LunLun823999

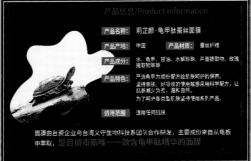

rlyl的自然世界

www.rlyl.net

自然界的"维基百科"